中华人民共和国
消防标准汇编

灭火剂卷

全国公共安全基础标准化技术委员会　编

应急管理出版社

·北　京·

图书在版编目（CIP）数据

中华人民共和国消防标准汇编. 灭火剂卷 / 全国公共安全基础标准化技术委员会编. --北京：应急管理出版社，2023

ISBN 978-7-5020-9217-7

Ⅰ.①中… Ⅱ.①全… Ⅲ.①消防—标准—汇编—中国 ②灭火剂—标准—汇编—中国 Ⅳ.①TU998.1-65

中国版本图书馆 CIP 数据核字（2021）第 254395 号

中华人民共和国消防标准汇编　灭火剂卷

编　　者　全国公共安全基础标准化技术委员会
责任编辑　曲光宇
责任校对　李新荣
封面设计　罗针盘

出版发行　应急管理出版社（北京市朝阳区芍药居 35 号　100029）
电　　话　010-84657898（总编室）　010-84657880（读者服务部）
网　　址　www. cciph. com. cn
印　　刷　北京建宏印刷有限公司
经　　销　全国新华书店

开　　本　880mm×1230mm $^{1}/_{16}$　**印张**　9 $^{1}/_{4}$　**插页**　4　**字数**　275 千字
版　　次　2023 年 8 月第 1 版　2023 年 8 月第 1 次印刷
社内编号　20211475　　**定价**　38.00 元

目录

ICS 13.220.10
C 83

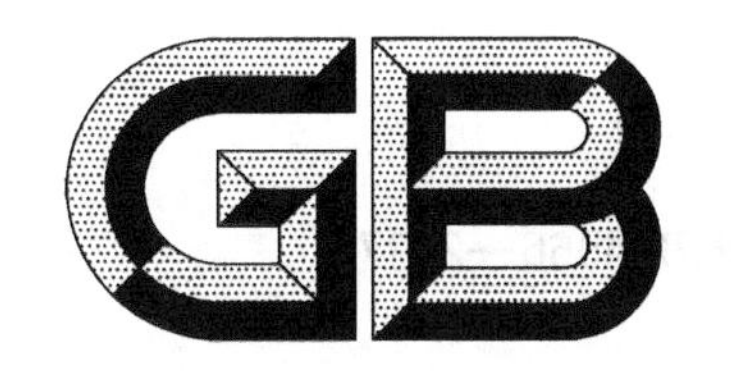

中华人民共和国国家标准

GB 4066—2017
代替 GB 4066.1—2004,GB 4066.2—2004

干粉灭火剂

Powder extinguishing agent

2017-12-29 发布　　　　2018-07-01 实施

中华人民共和国国家质量监督检验检疫总局
中国国家标准化管理委员会　发布

前　言

本标准的第5章、第7章和8.1为强制性的,其余为推荐性的。

本标准按照GB/T 1.1—2009给出的规则起草。

本标准代替GB 4066.1—2004《干粉灭火剂　第1部分:BC干粉灭火剂》、GB 4066.2—2004《干粉灭火剂　第2部分:ABC干粉灭火剂》。本标准以GB 4066.1—2004为主,整合了GB 4066.2—2004的特定内容,与GB 4066.1—2004相比,除编辑性修改外主要技术变化如下:

——增加了术语和定义(见第3章);

——增加了型号的表示方法(见第4章);

——增加了干粉灭火剂的一般要求(见5.1);

——修改了干粉灭火剂的多项技术指标要求,增加主要组分含量的公布值总量、粒度分布的底盘主要组分含量、流动性等要求,删除了喷射性能要求,统一了松密度下限、吸湿率等要求并提高松密度允差要求,适度降低含水率要求(见5.2,2004年版的第4章);

——修改了含水率的试验方法(见6.3,2004年版的5.3);

——增加了流动性试验方法(见6.5);

——修改了斥水性试验方法(见6.6,2004年版的5.6);

——修改了灭BC类火的标准试验方法(见6.12,2004年版的5.12)。

本标准编制时参考了ISO 7202:2012《消防　灭火剂　干粉》。

本标准由中华人民共和国公安部提出并归口。

本标准负责起草单位:公安部天津消防研究所。

本标准参加起草单位:江苏锁龙消防科技有限公司、青岛楼山消防器材厂、泰康消防化工集团股份有限公司、江苏江亚消防药剂有限公司、佛山市华昊化工有限公司、山东环绿康新材料科技有限公司、国安达股份有限公司、宁波能林消防器材有限公司。

本标准主要起草人:戴殿峰、李姝、刘玉恒、马建明、董海滨、薛岗、李习民、聂颖、王钢、张琦、徐友萍、刘欣传、林向芳、童祥友、李志成、宋明韬、洪清泉。

本标准所代替标准的历次版本发布情况为:

——GB 4066—1983、GB 4066—1994、GB 4066.1—2004、GB 4066.2—2004;

——GB 13532—1992;

——GB 15060—1994、GB 15060—2002。

干粉灭火剂

1 范围

本标准规定了干粉灭火剂的术语和定义、型号、技术要求、试验方法、检验规则、标志、包装、运输和贮存等。

本标准适用于第一主要组分含量不小于75%的干粉灭火剂;不适用于XF 578规定的超细干粉灭火剂和XF 979规定的D类干粉灭火剂。

2 规范性引用文件

下列文件对于本文件的应用是必不可少的。凡是注日期的引用文件,仅注日期的版本适用于本文件。凡是不注日期的引用文件,其最新版本(包括所有的修改单)适用于本文件。

GB/T 535 硫酸铵
GB/T 622 化学试剂 盐酸
GB 4351.1 手提式灭火器 第1部分:性能和结构要求
GB/T 4509 沥青针入度测定法
GB/T 4968 火灾分类
GB/T 5907(所有部分) 消防词汇
GB/T 6003.1 试验筛 技术要求和检验 第1部分:金属丝编织网试验筛
GB/T 6682 分析实验室用水规格和试验方法
GB/T 9969 工业产品使用说明书 总则
XF 578 超细干粉灭火剂
XF 634 消防员隔热防护服
XF 979 D类干粉灭火剂

3 术语和定义

GB/T 5907和GB/T 4968界定的以及下列术语和定义适用于本文件。

3.1

公布值 characterization statement

由生产厂家或检验委托方提供,关于干粉灭火剂物理或化学特性的数据信息。包括主要组分含量、松密度、粒度分布、灭火性能等。

3.2

主要组分 chemical content

构成干粉灭火剂的基本成分。不包括用于改善灭火剂储存、防潮、流动性等性能的添加剂。

3.3

第一主要组分 major chemical content

构成干粉灭火剂的主要组分中,含量最高的组分。

3.4

批　batch

按相同配方、相同工艺过程，单独一次性投料生产的均匀产品。

3.5

组　lot

配方、工艺过程、原材料相同的条件下的多批产品，总量不超过 25 t。

注：生产人员、制造过程、原材料或环境条件的任何主要改变，都视为不同的组。

4　型号

干粉灭火剂的型号以适用扑救的火灾类型代号、主要组分及含量和企业自定义等内容的组合来表示，其中主要组分含量总和不应小于 90%。

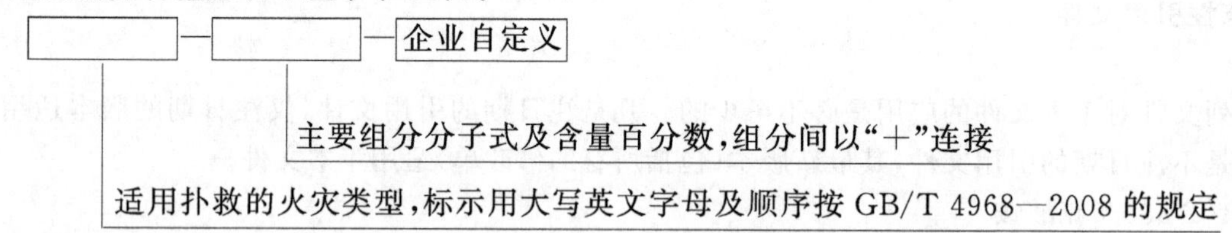

示例：ABC-$NH_4H_2PO_4$(75%)＋$(NH_4)_2SO_4$(15%)-B，表示主要组分为磷酸二氢铵含量为 75%、硫酸铵含量为 15%，适用于扑灭 A 类、B 类、C 类火灾，企业自定义为 B 的 ABC 干粉灭火剂。

5　技术要求

5.1　一般要求

5.1.1　干粉灭火剂的原材料、生产工艺应满足法律法规和强制性国家标准对人身健康、安全以及环境保护的要求。

5.1.2　干粉灭火剂的以下性能参数应至少在产品包装或说明书中标明：

a)　主要组分名称及含量(见表 1)；

b)　松密度(见表 1)；

c)　粒度分布(见表 1)；

d)　可扑救的火灾类型。

5.1.3　型号不同或生产工艺不同的干粉灭火剂严禁在灌装灭火器、消防车、灭火系统及灭火设备维修等场合混合使用。

5.2　性能要求

干粉灭火剂主要性能应符合表 1 的规定。

6　试验方法

6.1　主要组分含量

碳酸氢钠含量的检验方法见附录 A。

磷酸二氢铵含量的检验方法见附录 B。

其他主要组分含量应按对应的国家标准、行业标准或试验委托方提供的经相关方认可的方法进行检验。检验结果的准确度不应低于0.2%(绝对偏差),计算数据保留至0.1%。

表1　干粉灭火剂主要性能指标

<table>
<tr><th colspan="3">项目</th><th colspan="2">指标</th></tr>
<tr><td colspan="3" rowspan="3">主要组分含量(质量分数)</td><td>任一主要组分含量</td><td>公布值±(0.75+2.5×公布值)%</td></tr>
<tr><td>所有主要组分含量</td><td>公布值之和≥90%</td></tr>
<tr><td>第一主要组分含量</td><td>公布值≥75%</td></tr>
<tr><td colspan="3">松密度
g/ml</td><td colspan="2">公布值±0.07,且≥0.82</td></tr>
<tr><td colspan="3">含水率(质量分数)</td><td colspan="2">≤0.25%</td></tr>
<tr><td colspan="3">吸湿率(质量分数)</td><td colspan="2">≤2.00%</td></tr>
<tr><td colspan="3">流动性
s</td><td colspan="2">≤7.0</td></tr>
<tr><td colspan="3">斥水性</td><td colspan="2">无明显吸水,不结块</td></tr>
<tr><td colspan="3">针入度
mm</td><td colspan="2">≥16.0</td></tr>
<tr><td rowspan="6">粒度分布
(质量分数)</td><td colspan="2">0.250 mm以上</td><td colspan="2">0.0%</td></tr>
<tr><td colspan="2">0.250 mm～0.125 mm</td><td colspan="2">公布值±3%</td></tr>
<tr><td colspan="2">0.125 mm～0.063 mm</td><td colspan="2">公布值±6%</td></tr>
<tr><td colspan="2">0.063 mm～0.040 mm</td><td colspan="2">公布值±6%</td></tr>
<tr><td rowspan="2">底盘</td><td>ABC干粉灭火剂</td><td colspan="2">≥55%,且底盘中第一主要组分含量≥原试样含量</td></tr>
<tr><td>BC干粉灭火剂</td><td colspan="2">≥70%,且底盘中第一主要组分含量≥原试样含量</td></tr>
<tr><td colspan="3">耐低温性
s</td><td colspan="2">≤5.0</td></tr>
<tr><td colspan="3">电绝缘性
kV</td><td colspan="2">≥5.00</td></tr>
<tr><td rowspan="2">颜色</td><td colspan="2">ABC干粉灭火剂</td><td colspan="2">黄色</td></tr>
<tr><td colspan="2">BC干粉灭火剂</td><td colspan="2">白色</td></tr>
<tr><td colspan="3">灭火性能</td><td colspan="2">依据干粉灭火剂适用的火灾类型,按6.12的规定进行试验,3次灭火试验至少2次灭火成功</td></tr>
</table>

6.2　松密度

6.2.1　仪器

松密度测试的仪器要求如下:

a)　天平:感量0.2 g;

b)　具塞量筒:量程250 mL,分度值2.5 mL;

c)　秒表:分度值0.1 s。

6.2.2 试验步骤

6.2.2.1 称取干粉灭火剂试样 100 g，精确至 0.2 g，置于具塞量筒中。

6.2.2.2 以 2 s 一个周期的速度，上下颠倒量筒 10 个周期，使试样处于沸腾状态。

6.2.2.3 将具塞量筒垂直于水平面静置 3 min 后，记录试样的体积。

6.2.3 结果

松密度 D_b 按式(1)计算：

$$D_b = \frac{m_0}{V} \qquad \cdots\cdots(1)$$

式中：

D_b——松密度，单位为克每毫升(g/mL)；

m_0——试样的质量，单位为克(g)；

V——试样所占的体积，单位为毫升(mL)。

取差值不超过 0.04 g/mL 的两次试验结果的平均值作为测定结果。

6.3 含水率

6.3.1 试剂、仪器

含水率测试的试剂、仪器要求如下：

a) 硫酸：分析纯，密度 1.834 g/mL～1.836 g/mL，即硫酸浓度为 95%～98%；

b) 称量瓶：ϕ70 mm×40 mm；

c) 干燥器：ϕ220 mm；

d) 天平：精确度 0.2 mg。

6.3.2 试验步骤

6.3.2.1 在已恒重的称量瓶中，称取干粉灭火剂试样 5 g，精确至 0.2 mg。

6.3.2.2 将称量瓶免盖置于温度 20 ℃±2 ℃，盛有硫酸的干燥器中 48 h。

6.3.2.3 取出称量瓶加盖置于干燥器内，静置 15 min 后称量，精确至 0.2 mg。

6.3.3 结果

含水率 x_1 按式(2)计算：

$$x_1 = \frac{m_1 - m_2}{m_1} \times 100\% \qquad \cdots\cdots(2)$$

式中：

m_1——干燥前试样质量，单位为克(g)；

m_2——干燥后试样质量，单位为克(g)。

取差值不超过 0.02% 的两次试验结果的平均值作为测定结果。

6.4 吸湿率

6.4.1 试剂、仪器、设备

吸湿率测试的试剂、仪器、设备要求如下：

a) 氯化铵：化学纯；

b） 天平：准确度 0.2 mg；

c） 称量瓶：ϕ50 mm×30 mm；

d） 干燥器：ϕ220 mm；

e） 恒温恒湿系统：饱和氯化铵恒湿系统（仲裁检验时采用）或调温调湿箱；饱和氯化铵恒湿系统（见图 1），控制经过饱和氯化铵溶液充分饱和的空气（相对湿度约为 78%）以 5 L/min 的流量通过恒湿器，恒湿器下部装有饱和氯化铵溶液。

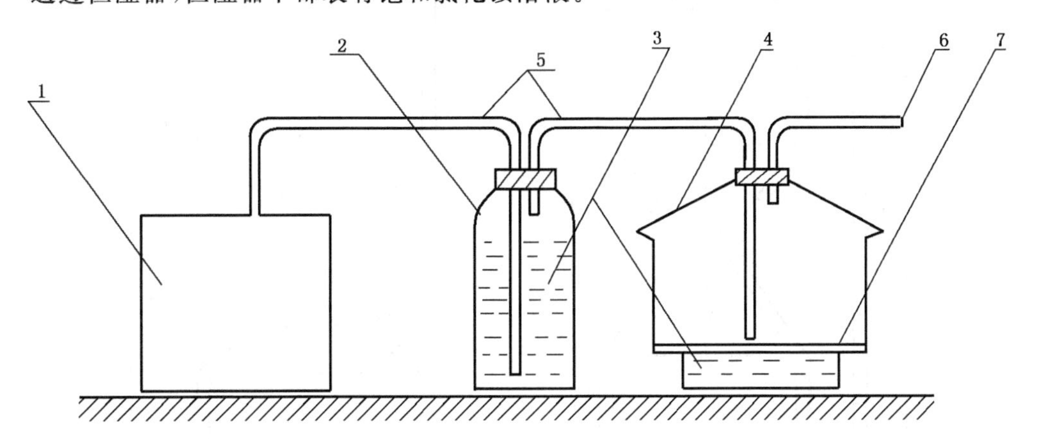

说明：

1——供气稳压缓冲装置；

2——广口瓶；

3——饱和氯化铵溶液；

4——ϕ250 mm 恒湿器；

5——内径 6 mm 玻璃管；

6——空气出口；

7——恒湿器孔板。

图 1 饱和氯化铵恒湿系统

6.4.2 试验步骤

6.4.2.1 在已恒重的称量瓶中，称取干粉灭火剂试样 5 g，精确至 0.2 mg。

6.4.2.2 将称量瓶免盖置于温度（21±3）℃，相对湿度 78%的恒温恒湿环境内 24 h。

6.4.2.3 取出称量瓶加盖置于干燥器中，静置 15 min 后称量，精确至 0.2 mg。

6.4.3 结果

吸湿率 x_2 按式（3）计算：

$$x_2 = \frac{m_4 - m_3}{m_3} \times 100\% \qquad \cdots\cdots（3）$$

式中：

m_3——吸湿前干粉灭火剂试样质量，单位为克（g）；

m_4——吸湿后干粉灭火剂试样质量，单位为克（g）。

取差值不超过 0.05%的两次试验结果的平均值作为测定结果。

6.5 流动性

6.5.1 仪器

流动性测试的仪器要求如下：

a) 流动性测定仪(见图 2):由玻璃砂钟和可翻转的支架组成;

b) 天平:感量 0.5 g;

c) 秒表:分度值 0.1 s。

单位为毫米

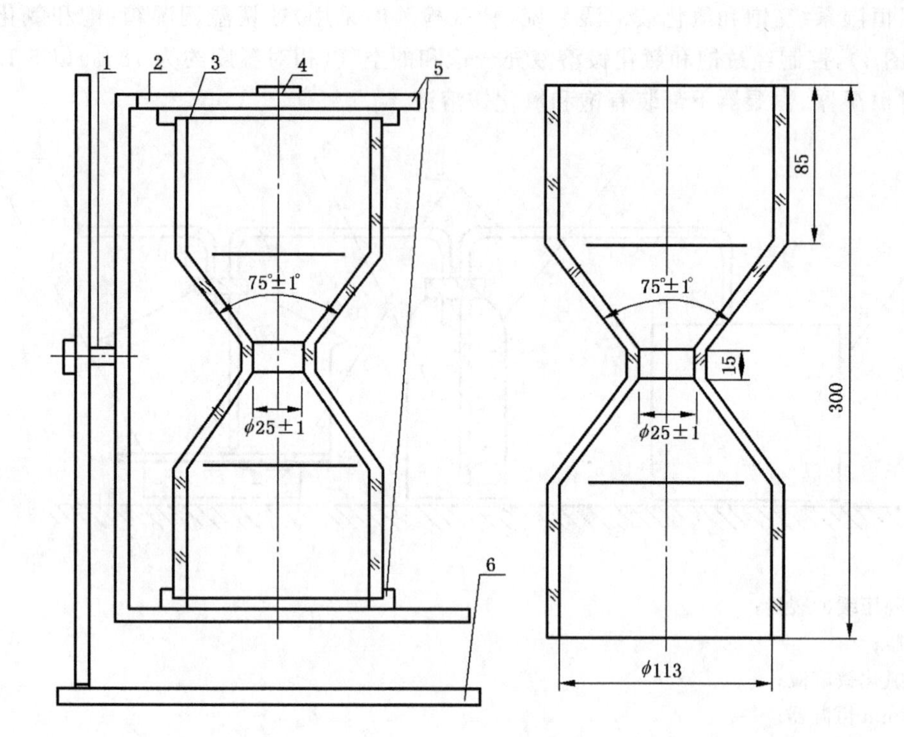

说明:

1——轴;

2——支架;

3——玻璃砂钟;

4——紧固螺母;

5——玻璃砂钟盖;

6——底座。

图 2 流动性测定仪

6.5.2 试验步骤

6.5.2.1 称取干粉灭火剂试样 300 g,精确至 0.5 g,放入玻璃砂钟内。

6.5.2.2 将玻璃砂钟安装在支架上,然后将试样在砂钟内连续翻转 30 s,使试样充气后,立即开始测定其连续 20 次自由通过中部颈口的时间。

6.5.3 结果

取 20 次试验时间的算术平均值作为测定结果。

6.6 斥水性

6.6.1 试剂、仪器

斥水性测试的试剂、仪器要求如下:

a) 氯化钠:化学纯;

b) 培养皿:φ70 mm;

c) 吸量管:0.5 mL;
d) 干燥器:ϕ220 mm。

6.6.2 试验步骤

6.6.2.1 在培养皿中放入过量的干粉灭火剂试样,用刮刀刮平表面。
6.6.2.2 在干粉表面三个不同点用吸量管各滴 0.3 mL 三级水(符合 GB/T 6682 的规定),滴水点之间、滴水点与培养皿边缘之间的距离不小于 10 mm。
6.6.2.3 将培养皿放在温度为(20±5)℃,盛有饱和氯化钠溶液的干燥器内(相对湿度 75%),放置时间为(120±5)min。
6.6.2.4 取出培养皿,逐渐倾斜,使水滴滚落。

6.6.3 结果

观察试样有无明显吸水、结块现象。

6.7 针入度

6.7.1 试剂、仪器、设备

针入度测试的试剂、仪器、设备要求如下:
a) 氯化铵:化学纯;
b) 饱和氯化铵恒湿系统或恒温恒湿箱:饱和氯化铵恒湿系统(见图 1)控制 5 L/min 流量的空气(湿度为 78%)通过恒湿器,恒湿器下部装有饱和氯化铵溶液;
c) 针入度仪:符合 GB/T 4509 规定,精度 0.1 mm,标准针与针杆质量之和为(50.00±0.05)g;
d) 电热恒温干燥箱:精度±2 ℃;
e) 烧杯:容量 100 mL;
f) 秒表:分度值 0.1 s;
g) 震筛机:摆动频率 4.58 Hz~4.92 Hz,震击频率 0.52 Hz~0.55 Hz,震击高度 4.0 mm。

6.7.2 试验步骤

6.7.2.1 在干燥、洁净的烧杯中,装满干粉灭火剂试样,用刮刀刮平表面。
6.7.2.2 将烧杯置于震筛机上,用夹具夹紧,震动 5 min;取下烧杯,在温度为(21±3)℃、相对湿度为 78%的恒湿器内增湿 24 h;然后移入温度为(48±3)℃的电热恒温干燥箱内干燥 24 h。
6.7.2.3 测定针入度:测定时,针尖要贴近试样表面,针入点之间、针入点与杯壁之间的距离不小于 10 mm。针自由落入试样内 5 s 后,记录针插入试样的深度,每只烧杯的试样测三个针入点。

6.7.3 结果

取与平均值偏差不超过 5%的 9 次试验结果的平均值作为测定结果。

6.8 粒度分布

6.8.1 仪器、设备

粒度分布测试的仪器、设备要求如下:
a) 天平:感量 0.2 g;
b) 秒表:分度值 0.1 s;
c) 震筛机:按 6.7.1 中 g)的规定;

d) 套筛：符合 GB/T 6003.1 规定，网孔尺寸分别为 0.250 mm、0.125 mm、0.063 mm、0.040 mm，一个顶盖和一个底盘。

6.8.2 试验步骤

6.8.2.1 称取干粉灭火剂试样 50 g，精确至 0.2 g，放入 0.250 mm 顶筛内，下面依次为 0.250 mm、0.125 mm、0.063 mm、0.040 mm 的筛和底盘，盖上顶盖。
6.8.2.2 将套筛固定在震筛机上，震动 10 min。
6.8.2.3 取下套筛，分别称量留在每层筛上的试样质量。

6.8.3 结果

干粉灭火剂在每层筛上的质量分数 x_3 按式(4)计算：

$$x_3 = \frac{m_5}{m_6} \times 100\% \qquad (4)$$

式中：
m_5——试样在每层筛上的质量，单位为克(g)；
m_6——试样的总质量，单位为克(g)。
取回收率大于 98% 的两次试验结果的平均值作为测定结果。

6.9 耐低温性

6.9.1 仪器、设备

耐低温性测试的仪器、设备要求如下：
a) 低温试验仪：精度±1 ℃；
b) 试管：ϕ20 mm×150 mm；
c) 天平：感量 0.2 g；
d) 秒表：分度值 0.1 s。

6.9.2 试验步骤

6.9.2.1 称取干粉灭火剂试样 20 g，精确至 0.2 g，放在干燥、洁净的试管中。
6.9.2.2 将试管加塞后，放入−55 ℃环境中 1 h。
6.9.2.3 取出试管，使其在 2 s 内倾斜直到倒置。用秒表记录试样全部流下的时间。

6.9.3 结果

取 3 次试验结果的平均值作为测定结果。

6.10 电绝缘性

6.10.1 仪器、设备

电绝缘性测试的仪器、设备要求如下：
a) 试验杯(见图 3)：杯体由不吸潮的高绝缘性材料制成。电极的任何部位与试验杯的距离不小于 13 mm。试验杯顶部与电极顶部距离不小于 32 mm。
b) 平板电极为抛光的黄铜板，直径为 25 mm，厚度不小于 3 mm，边缘成直角，电极间距为(2.50±0.01)mm。
c) 耐压测试仪：输出电压可连续升到 5 kV 以上。

d） 跌落试验台：最大跌落高度 30 mm，最大允许负荷 50 kg，频率范围 0 Hz～1.667 Hz 连续可调，下落加速度大于 9.3 m/s^2。

单位为毫米

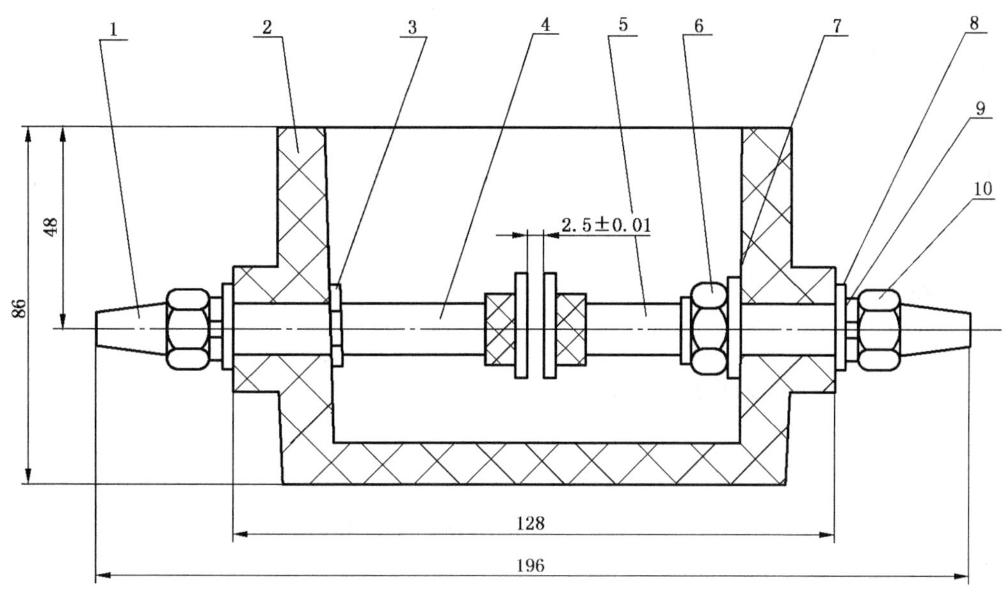

说明：

1 ——香蕉插头；
2 ——杯体；
3 ——挡片；
4，5——电极；
6 ——调节螺母；
7 ——调节垫片；
8 ——垫片；
9 ——弹簧垫片；
10 ——紧固螺母。

图 3 测定电绝缘性用试验杯

6.10.2 试验步骤

6.10.2.1 将试验杯装满干粉灭火剂试样，放在跌落台上夹紧。

6.10.2.2 在 1 Hz 的频率、下落高度为 15 mm 的条件下，跌落 500 次。

6.10.2.3 用耐压测试仪将电压加到圆盘形电极上，在漏电流 1 mA 挡的状态下迅速匀速升压直至击穿为止，记录击穿电压值。

6.10.3 结果

取两次试验结果的平均值作为测定结果。

6.11 颜色

将干粉灭火剂试样置于无色玻璃杯内，观察颜色。

6.12 灭火性能

干粉灭火剂的灭 A 类火性能按附录 C 的规定进行检验，灭 B、C 类火性能按附录 D 的规定进行检验。

7 检验规则

7.1 检验类别与项目

7.1.1 例行检验

正常生产中,每批产品均应进行例行检验。松密度、流动性、斥水性、粒度分布、耐低温性、颜色为例行检验项目。

7.1.2 确认检验

表1中的全部检验项目为确认检验项目。每组产品均应抽样进行主要组分含量、含水率、吸湿率、针入度检验,其余项目也应定期抽样检验以确保产品持续稳定符合本标准要求。

7.1.3 型式检验

表1中的全部检验项目为型式检验项目。有下列情况之一时,应进行型式检验:

a) 新产品鉴定或老产品转厂生产;

b) 正式生产后,原料、工艺有较大改变;

c) 停产一年以上,恢复生产;

d) 国家质量监督机构依法提出型式检验要求。

7.2 取样方法

7.2.1 型式检验和确认检验样品应从例行检验合格产品中抽样。取样方法应保证取样具有代表性。检验前应将样品充分混合均匀。

7.2.2 抽样数量应满足检验及备留需要。型式检验应随机抽取不小于试验用量2倍的样品。所取的样品应贮存于洁净、干燥、密封的包装体内。

7.3 检验结果判定

例行检验、确认检验、型式检验结果均应符合第5章规定的技术要求,如有一项不符合要求,则判产品为不合格。

8 标志、包装、使用说明书、运输和贮存

8.1 标志

每个包装上都应清晰、牢固地标明生产厂名称、地址、产品名称、型号、商标、适用标准、生产日期、生产批号、合格标志、贮存保管要求等。

8.2 包装

干粉灭火剂应密封在塑料袋内,塑料袋外应加保护包装。

8.3 使用说明书

生产厂应提供符合GB/T 9969的使用说明书。

8.4 运输和贮存

干粉灭火剂应贮存在通风、阴凉干燥处,运输中应避免雨淋,防止受潮和包装破损。

附 录 A
（规范性附录）
碳酸氢钠含量试验方法

A.1 滴定法（仲裁法）

A.1.1 方法原理

将干粉灭火剂试样破坏硅膜后，加热蒸馏水溶解过滤，取其滤液，分别以甲酚红-百里酚蓝和溴甲酚绿-甲基红为指示液，用盐酸标准溶液滴定。

A.1.2 试剂

试验用试剂：

a） 丙酮：分析纯；
b） 三级水：符合 GB/T 6682 的规定；
c） 溴甲酚绿乙醇溶液（0.1%）；
d） 甲基红乙醇溶液（0.2%）；
e） 溴甲酚绿-甲基红混合指示剂：将溴甲酚绿乙醇溶液（0.1%）与甲基红乙醇溶液（0.2%）按3∶1体积比混合，摇匀；
f） 甲酚红钠盐水溶液（0.1%）；
g） 百里酚蓝钠盐水溶液（0.1%）；
h） 甲酚红-百里酚蓝混合指示剂：将甲酚红钠盐水溶液（0.1%）与百里酚蓝钠盐水溶液（0.1%）按1∶3体积比混合，摇匀；
i） 盐酸标准滴定溶液：用盐酸（符合 GB/T 622 的规定）配制浓度约为 0.1 mol/L 的水溶液。

A.1.3 仪器

试验用仪器：

a） 天平：感量 0.2 mg；
b） 容量瓶：500 mL；
c） 移液管：50 mL；
d） 滴定管：50 mL；
e） 锥形瓶：250 mL。

A.1.4 试验步骤

A.1.4.1 按下述方法制备待测溶液：

a） 称取干粉灭火剂试样 2 g，精确至 0.000 2 g，置于 100 mL 烧杯中，加 3 mL～4 mL 丙酮并不断搅拌；
b） 待丙酮挥发后，加入少量热三级水 60 ℃～70 ℃溶解过滤，用约 250 mL 三级水洗涤不溶物，将滤液和洗涤液均收集在 500 mL 容量瓶中，用三级水稀释至 500 mL，摇匀，即为待测溶液 A。

A.1.4.2 用移液管吸取 50 mL 溶液 A，移入 250 mL 锥形瓶中，加 5 滴甲酚红-百里酚蓝混合指示剂，用盐酸标准溶液滴定至试验溶液的颜色由紫色变为黄色，读取消耗盐酸标准溶液的体积 V_1。

A.1.4.3 再加入 10 滴溴甲酚绿-甲基红混合指示剂，用盐酸标准溶液滴定至试验溶液的颜色由绿色变为暗红色。

A.1.4.4 煮沸 2 min，溶液颜色变回绿色，冷却至室温。用盐酸标准溶液继续滴定至暗红色为终点，读取消耗盐酸标准溶液的体积 V_2。

A.1.5 结果

试样中碳酸氢钠含量 x_1 按式(A.1)计算：

$$x_1 = \frac{c \times (V_2 - 2 \times V_1) \times 0.8401}{m_0} \times 100\% \quad \cdots\cdots(A.1)$$

式中：

m_0——试样质量，单位为克(g)；

c ——盐酸标准滴定溶液实际浓度，单位为摩尔每升(mol/L)；

V_1——第一次滴定所消耗盐酸标准滴定溶液的体积，单位为毫升(mL)；

V_2——滴定所消耗盐酸标准滴定溶液的总体积，单位为毫升(mL)。

取差值不超过 0.2%的两次试验结果的平均值作为测定结果。

A.2 灼烧法

A.2.1 仪器、设备

试验用仪器、设备要求如下：

a) 天平：感量 0.2 mg；

b) 马弗炉：分度值 20 ℃；

c) 称量瓶：ϕ50 mm×30 mm；

d) 干燥器：ϕ220 mm。

A.2.2 试验步骤

A.2.2.1 将干粉灭火剂置于真空干燥箱内，在真空度 0.095 MPa～0.096 MPa、温度(50±2)℃的条件下，干燥 1 h。

A.2.2.2 在已恒重的三只称量瓶中，分别称取已干燥的干粉灭火剂试样 5 g，称准至 0.000 2 g。

A.2.2.3 将称量瓶免盖置于马弗炉内，在温度 270 ℃～300 ℃，灼烧 1 h。

A.2.2.4 取出称量瓶，加盖置于干燥器中，静置 45 min 称量，称准至 0.000 2 g。

A.2.3 结果

碳酸氢钠含量 x_2 按式(A.2)计算：

$$x_2 = \frac{(m_1 - m_2) \times 2.709}{m_1} \times 100\% \quad \cdots\cdots(A.2)$$

式中：

m_1——灼烧前干粉灭火剂试样质量，单位为克(g)；

m_2——灼烧后残留物质量，单位为克(g)。

取 3 次试验结果的平均值作为测定结果。

附 录 B
(规范性附录)
磷酸二氢铵含量试验方法

B.1 方法原理

磷酸二氢铵溶液中的正磷酸根离子在酸性介质中和喹钼柠酮试剂生成黄色磷钼酸喹啉沉淀,经过滤、洗涤、干燥后,称量所得沉淀的重量并按 GB/T 535 进行氮含量检验进行修正。

B.2 试剂

试验用试剂:

a) 钼酸钠:分析纯;

b) 柠檬酸:分析纯;

c) 硝酸:分析纯;

d) 三级水:符合 GB/T 6682 的规定;

e) 喹啉:不含还原剂;

f) 丙酮:分析纯;

g) 硝酸溶液:1+1 溶液;

h) 喹钼柠酮试剂的配制:

1) 配制溶液 a:将 70 g 钼酸钠置于 400 mL 烧杯中,加入 100 mL 三级水溶解;

2) 配制溶液 b:将 60 g 柠檬酸置于 1 000 mL 烧杯中,加入 100 mL 三级水溶解后,加入 85 mL硝酸;

3) 配制溶液 c:把溶液 a 加到溶液 b 中,混匀;

4) 配制溶液 d:在 400 mL 烧杯中,将 35 mL 硝酸和 100 mL 三级水混合,然后加入 5 mL 喹啉;

5) 把溶液 d 加到溶液 c 中,混匀,静置一夜,用滤纸或棉花过滤,滤液加入 280 mL 丙酮,用三级水稀释至 1 000 mL,混匀,贮存在棕色容量瓶中,放在暗处,避光,避热。

B.3 仪器

试验仪器要求如下:

a) 天平:感量 0.2 mg;

b) 坩埚式滤器:4 号,容积 30 mL;

c) 带刻度烧杯:容量 400 mL;

d) 电热恒温干燥箱:精度±2 ℃;

e) 封闭电炉。

B.4 试验步骤

B.4.1 待测溶液制备:

a) 称取磷酸铵盐干粉灭火剂试样 1 g,精确至 0.000 2 g,置于 100 mL 烧杯中,加 2 mL 丙酮并不断搅拌;

b) 待丙酮挥发后,加入少量热三级水 60 ℃~70 ℃溶解过滤,用约 250 mL 三级水洗涤不溶物,将滤液和洗涤液均收集在 500 mL 容量瓶中,用三级水稀释至 500 mL,摇匀,即为待测溶液 A。

B.4.2 用移液管吸取 25 mL 溶液 A 移入 400 mL 烧杯中，加入 10 mL 硝酸溶液，用三级水稀释至 100 mL，预热近沸。加入 40 mL～45 mL 喹钼柠酮试剂，盖上表面皿，在封闭电炉上微沸 1 min 或置于沸水浴中保温至沉淀分层，取出烧杯，冷却至室温，冷却过程转动烧杯 3 至 4 次。

B.4.3 用预先在(180±2)℃下干燥 45 min 的坩埚式滤器过滤，先将上层清液滤完，然后用约 100 mL 三级水洗涤沉淀，将沉淀连同滤器置于(180±2)℃电热恒温干燥箱内干燥 45 min，移入干燥器中冷却 45 min，称量。

B.5 结果

试样中磷酸二氢铵含量 x_1 按式(B.1)计算：

$$x_1 = \frac{m_1 \times 1.0396}{m_0} \times 100\% \qquad \text{(B.1)}$$

式中：

m_0——试验时所取试样质量，单位为克(g)；

m_1——磷钼酸喹啉沉淀质量，单位为克(g)。

取差值不大于 0.5%的两次试验结果的平均值作为测定结果。

附 录 C
（规范性附录）
灭 A 类火性能试验方法

C.1 试验设备、仪器和材料

干粉灭火剂灭 A 类火性能的试验设备、仪器和材料如下：

a） 3 kg 干粉灭火器：初始压力(1.2±0.1) MPa(表压)，喷嘴直径 ϕ4 mm，喷管内径 ϕ10 mm，喷管长度 400 mm，筒体直径 ϕ127.4 mm，筒体容积 3.8 L，虹吸管内径 ϕ12 mm，虹吸管距筒底距离 13 mm～16 mm，材料和强度等符合 GB 4351.1 的规定。

b） 木材湿度仪：精确度±1%。

c） 秒表：分度值 0.1 s。

d） 燃料：脂肪烃化合物，馏程范围：84 ℃～105 ℃，初终馏出温度差小于等于 10 ℃，芳香烃的体积含量小于或等于 1%，15 ℃时的密度为(700±20)kg/m³。

注：符合要求的典型燃料为工业用正庚烷。

C.2 试验模型

A 类火的试验模型包含一个由木条搭成的正方形木垛，其边长等于木条的长度。为了加固，木垛外边缘的木条可钉在一起。把木垛放在包含 2 个角铁的支架上，此支架顶端离地面(400±10)mm。试验模型的木条长度、根数和层数等参数应符合表 C.1 的规定。

试验模型用木条应经过适当处理，其含水率为 10%～14%(质量分数)，品种可选用樟子松、落叶松、辐射松、马尾松等松木(干燥时温度不应高于 105 ℃)，木材的密度在含水率 12% 时应为0.45 g/cm³～0.55 g/cm³。木条的横截面为正方形，边长 39 mm±1 mm，木条长度的尺寸偏差为±10 mm。木条按照表 C.1 规定的排列方法分层堆放，上下层木条成直角排列，每层上的木条以相同的间距摆放成宽与木条长相同的正方形，见图 C.1。

引燃 A 类火试验模型用的燃料应符合 C.1d)的规定。燃料放入引燃盘内，引燃盘的尺寸和燃油量应符合表 C.1 规定。

表 C.1 试验模型参数

级别代号	木条根数 根	木条长度 mm	木条排列	引燃盘尺寸 mm×mm×mm	引燃油量 L
2A	112	635	16 层每层七根	535×535×100	2.0

C.3 试验条件

C.3.1 A 类火灭火试验应在基本通风、有足够空间的室内进行，要确保木垛自由燃烧所必要的氧气供给量和一定的能见度。符合要求的室内空间为：内高 7.5 m，体积 1 700 m³ 以上，4 个角落处有可调节大小的进气孔，总的通风面积达 4.5 m² 以上，地面为光洁的水泥地。环境温度为 0 ℃～30 ℃。

C.3.2 灭火试验前，应将灭火器放置在 20 ℃±5 ℃环境中预处理 24 h 或以上，预处理后应在 5 min 内进行灭火试验。

C.3.3 灭火试验可由专人操作，操作者应穿着符合 XF 634 要求的隔热防护服(包括服装、头套、手套、脚套)来完成灭火试验。

注：为了保护灭火试验人员的健康和安全，需采取措施防止燃烧产生的有毒物质和烟气对灭火试验人员的危害。当需要持续一段时间进行重复试验时，可让灭火试验人员佩戴呼吸保护器。

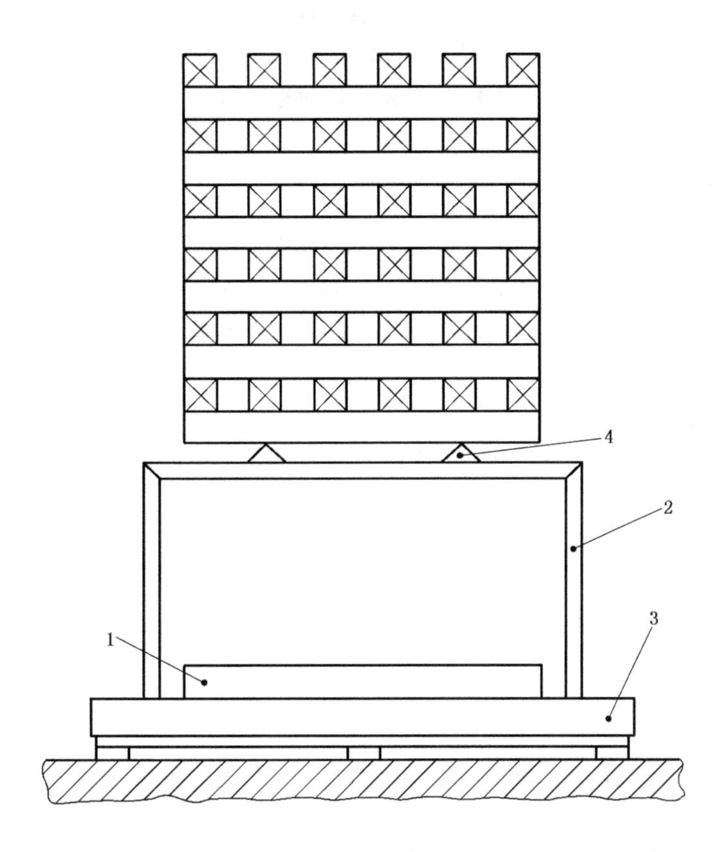

说明：

1——引燃盘；

2——支架；

3——称重平台；

4——角铁。

图 C.1 木垛火模型

C.4 试验步骤

C.4.1 在引燃盘内先倒入深度为 30 mm 清水，再加入规定量的燃料。将引燃盘放入木垛的正下方。

C.4.2 点燃汽油，当汽油烧尽，可将引燃盘从木垛下抽出。让木垛自由燃烧。当木垛燃烧至其质量减少到原来量的 53%～57%时，则预燃结束。

注：木垛燃烧时的质量损失可以直接测定或采用被验证可以提供相当一致结果的其他方法测定。

C.4.3 预燃结束后即开始灭火。整个喷射过程应使灭火器阀门保持最大开启状态，并连续喷射。开始从离开木垛 1.8 m 的正前方处喷射，然后可缩短距离，朝木垛的上部、底部、前部、两个侧面喷射，但不能向背部喷射；整个试验过程中，操作者和灭火器的任何部位不应触及模型。

C.5 试验评定

C.5.1 试验模型木垛的火焰完全熄灭，且灭火器完全喷射后的 10 min 内，残留木垛上无可见火焰或仅出现高度小于 50 mm、持续时间不超过 1 min 的不持续火焰，则评定为灭火成功。

C.5.2 灭火试验中因木垛倒坍，则此次试验为无效，应重新进行。

C.5.3 重复进行 3 次试验，连续两次灭火成功或失败，则第三次试验可免试。

附　录　D
（规范性附录）
灭 B、C 类火性能试验方法

D.1　试验设备、仪器和材料

干粉灭火剂灭 B、C 类火性能的试验设备、仪器和材料如下：

a）　3 kg 专用干粉灭火装置：氮气充压，压力(1.30±0.05)MPa，整体装置应符合 D.2 的要求。

b）　钢质油盘：直径(1 884±20)mm，高(200±15)mm，盘壁厚度 2.5 mm。

c）　秒表：分度值 0.1 s。

d）　风速仪：精确度±0.3 m/s。

e）　标定量杯：直径 ϕ80 mm，高 100 mm，24 只（应采取适当措施防止干粉灭火剂的反弹）。

f）　燃料：脂肪烃化合物，馏程范围：84 ℃～105 ℃，初终馏出温度差小于或等于 10 ℃，芳香烃的体积含量小于或等于 1%，15 ℃时的密度为(700±20)kg/m^3。

注：符合要求的典型燃料是工业用正庚烷。

D.2　3 kg 专用干粉灭火装置和校准

D.2.1　3 kg 专用干粉灭火装置

D.2.1.1　3 kg 专用干粉灭火装置的储粉罐筒体内径约 350 mm，容积(12.0±0.2)L；装置的喷嘴直径约 ϕ9.5 mm。

D.2.1.2　整体装置的示意图见图 D.1。装置使用的管道内径大于等于 15 mm，管道总长度($a+b+c$)小于或等于 4 m，90°弯头不超过两个，管线的内容积不大于 1.20 L。阀门应采用通径与管路相同的快开型球阀，接头及变径过渡应光滑；喷嘴前的直管段长度(c)不小于管道内径的 10 倍。

D.2.1.3　罐体的压力监测装置量程不小于 2.5 MPa，精度不低于 0.4 级。

D.2.2　校准要求

D.2.2.1　将 3 kg 专用干粉灭火装置的干粉罐体充入松密度为(0.87±0.02)g/mL 的碳酸氢钠干粉灭火剂(3.00±0.03)kg，以氮气充压至(1.30±0.05)MPa。安装装置使之处于正常使用状态，调节装置的喷嘴使其轴线与水平地面垂直且喷嘴下缘距离水平地面(2.30±0.03)m。

D.2.2.2　干粉标定量具应布置在以喷嘴的中心轴线垂直投影的地面点为中心，半径为 900 mm 的水平面上，布点位置如图 D.2 所示。标定试验过程中应使干粉标定量具的接收口与水平地面齐平。

D.2.2.3　打开释放阀门，进行冷喷试验。启动秒表记录喷射时间。

D.2.2.4　分别称量标定量具内的干粉灭火剂，计算分布密度。

D.2.2.5　3 kg 专用干粉灭火装置喷射时间应为(4.5±0.5)s，喷射剩余率小于等于 5%。装置喷射于以喷射中心点，半径 0.90 m 范围内的干粉灭火剂总量应不低于装置喷出总量的 90%；在保护半径为 0.6 m的范围内，干粉灭火剂的最低面密度不低于平均面密度的 70%。

D.3　试验步骤

D.3.1　试验环境温度为 0 ℃～30 ℃，风速不大于 3 m/s。

D.3.2　将油盘置于水平地面下，使油盘上沿与地面在同一水平面上，喷嘴轴线与水平地面垂直且喷嘴下缘距离水平地面(2.30±0.03)m。加 34 L 水后倒入 60 L 燃料，并使油盘中各点的燃料深度不小于

15 mm，但液体深度不大于 50 mm。

D.3.3 点火，同时启动秒表，预燃时间 60 s，启动灭火装置。

D.3.4 试验过程中应采取适当措施，以便在灭火不成功的情况下保证试验的安全可控。

D.4 结果评定

D.4.1 火焰全部熄灭，即为灭 B 类火试验成功。

D.4.2 干粉灭火剂若具有灭 B 类火灾的灭火效能，即认为其具有灭 C 类火灾的灭火效能。

D.4.3 重复进行 3 次试验，连续两次灭火成功或失败，则第三次试验可免试。

单位为毫米

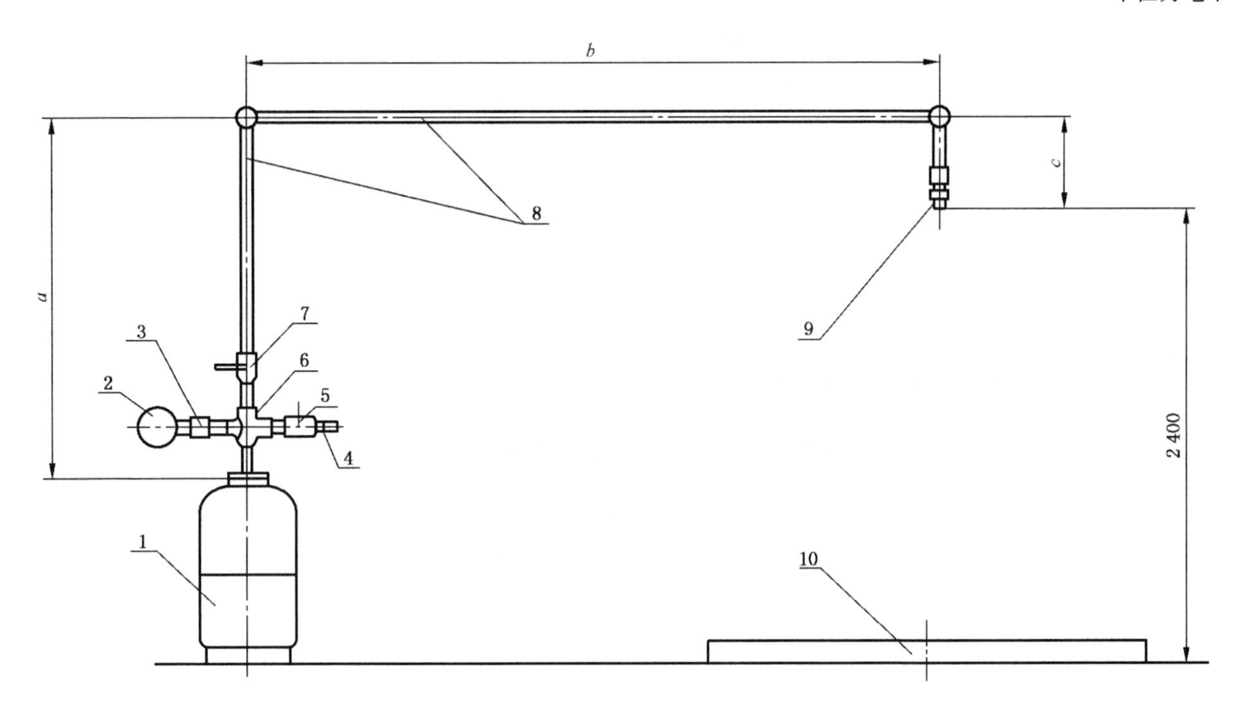

说明：

1 ——专用干粉灭火装置储粉罐筒体(容积 12 L)；
2 ——压力表 0 MPa～2.5 MPa；
3 ——压力表接头；
4 ——充气接头；
5 ——不锈钢球阀(DN 20)；
6 ——不锈钢四通接头(DN 20)；
7 ——不锈钢球阀(DN 20)；
8 ——干粉灭火剂输送管道(DN 20)；
9 ——喷嘴；
10 ——油盘。

图 D.1 专用干粉灭火装置示意图

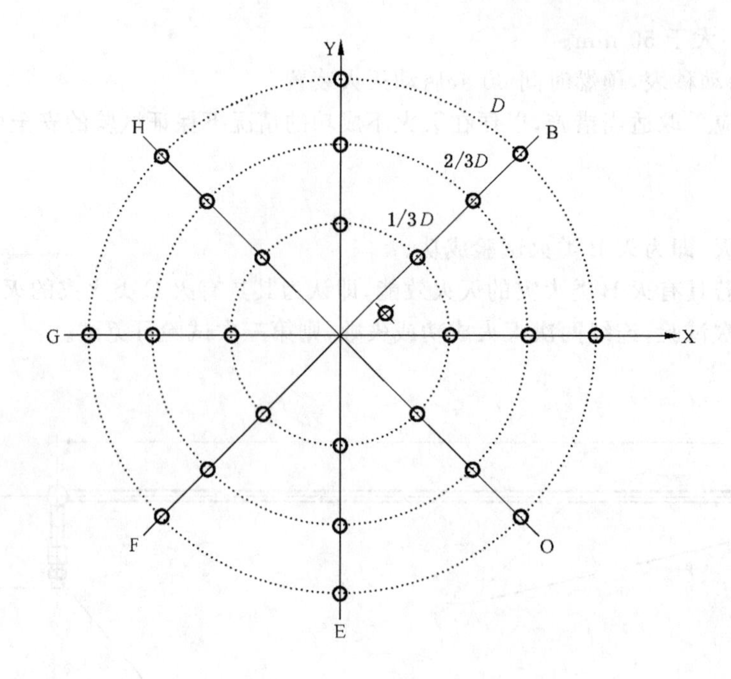

说明：

⊗——标定量杯。

注：GX 轴方向为图 D.1 中的上侧水平管道方向。

图 D.2　干粉标定量具布点位置图

ICS 13.220.10
C 84

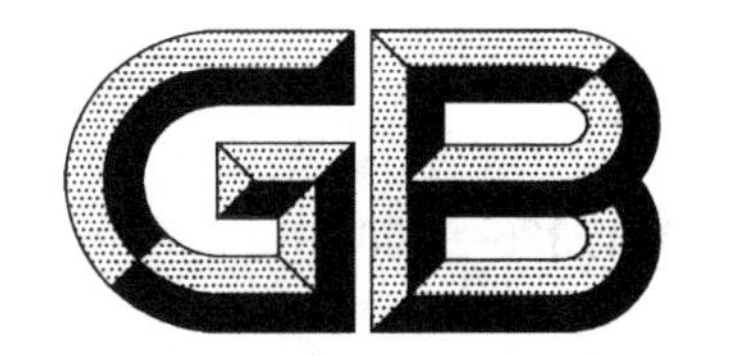

中华人民共和国国家标准

GB 17835—2008
代替 GB 17835—1999

水系灭火剂

Water based extinguishing agent

2008-10-08 发布

2009-05-01 实施

中华人民共和国国家质量监督检验检疫总局
中国国家标准化管理委员会 发布

前言

本标准的第5章、第7章为强制性,其余为推荐性。

本标准是对GB 17835—1999《水系灭火剂通用技术条件》的修订。

本标准代替GB 17835—1999《水系灭火剂通用技术条件》。

本标准与GB 17835—1999相比主要变化如下:

——增加了“抗冻结融化性”“腐蚀性能”“凝固点”“毒性”的技术要求和试验方法;

——删掉了“流动性”“流动点”“沉淀物”和“稳定性”的技术要求和试验方法;

——增加了“抗醇性水系灭火剂”和“非抗醇性水系灭火剂”的定义;

——删掉了“离析”的定义;

——对第4章分类进行修订,修订后的分类与GB 4351.1—2005附录A中灭火剂代号和特定的灭火剂特征代号一致;

——第5章增加了对各项目不合格类型的划分;

——修改灭火试验程序和灭火性能要求。

本标准由中华人民共和国公安部提出。

本标准由全国消防标准化技术委员会第三分技术委员会归口。

本标准起草单位:公安部天津消防研究所。

本标准主要起草人:刘玉恒、庄爽、李姝、刘慧敏、戴桂红、孙甲斌。

本标准所代替标准的历次版本发布情况为:

——GB 17835—1999。

水 系 灭 火 剂

1 范围

本标准规定了水系灭火剂的术语和定义、要求、试验方法、检验规则、标志和运输等内容。

本标准适用于水系灭火剂。

2 规范性引用文件

下列文件中的条款通过本标准的引用而成为本标准的条款。凡是注日期的引用文件，其随后所有的修改单(不包括勘误的内容)或修订版均不适用本标准，然而，鼓励根据本标准达成协议的各方研究是否可使用这些文件的最新版本。凡是不注日期的引用文件，其最新版本适用于本标准。

GB 4351.1—2005 手提式灭火器 第1部分:性能和结构要求(ISO 7165:1999,NEQ)

GB/T 6682 分析实验室用水规格和试验方法(GB/T 6682—2008,ISO 3696:1987,MOD)

GB/T 13267—1991 水质 物质对淡水鱼(斑马鱼)急性毒性测定方法(neq ISO 7346-1～7346-3:1984)

GB 15308—2006 泡沫灭火剂(ISO 7203-1:1995,ISO 7203-2:1995,ISO 7203-3:1999,NEQ)

SH 0004—1990 橡胶工业用溶剂油

3 术语和定义

GB 15308—2006确立的以及下列术语和定义适用于本标准。

3.1

水系灭火剂 water based extinguishing agent

由水、渗透剂、阻燃剂以及其他添加剂组成，一般以液滴或以液滴和泡沫混合的形式灭火的液体灭火剂。

3.2

抗醇性水系灭火剂 alcohol resistant water based extinguishing agent

适用于扑灭A类火灾和B类火灾(水溶性和非水溶性液体燃料)的水系灭火剂。

3.3

非抗醇性水系灭火剂 non-alcohol resistant water based extinguishing agent

适用于扑灭A类火灾或A、B类火灾(非水溶性液体燃料)的水系灭火剂。

4 分类和标记

4.1 分类

水系灭火剂按性能分为以下两类:

a) 非抗醇性水系灭火剂S;

b) 抗醇性水系灭火剂S/AR。

4.2 标记

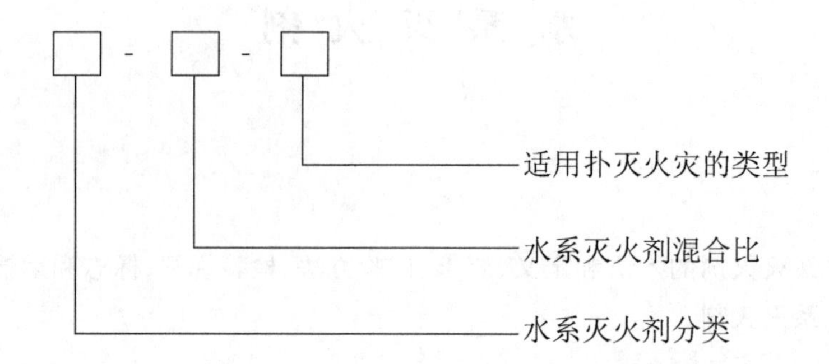

示例：

S/AR-10-AB表示混合比为10%、具有扑灭AB类火灾性能的抗醇性水系灭火剂。

5 要求

水系灭火剂的技术性能应符合表1和表2的要求。

表1 理化性能

项目	样品状态	要求	不合格类别
凝固点 ℃	混合液	在特征值$^{+0}_{-4}$℃之内	C
抗冻结、融化性	混合液	无可见分层和非均相	B
pH值	混合液	6.0～9.5	C
表面张力 (mN/m)	混合液	与特征值的偏差不大于±10%	C
腐蚀率 [mg/(d·dm²)]	混合液	Q235钢片：≤15.0	C
		LF21铝片：≤15.0	
毒性	混合液	鱼的死亡率不大于50%	B

表2 灭火性能

项目	燃料类别	灭火级别	不合格类型
灭B类火性能	橡胶工业用溶剂油	≥55B(1.73 m²)	A
	99%丙酮	≥34B(1.07 m²)	A
灭A类火性能	木垛	≥1 A	A

注1：委托方自带灭火器时，灭火器容积应为6 L，喷射时间和喷射距离应符合GB 4351.1—2005的要求。

注2：产品所能扑救火灾的类别，委托方自己申报。

6 试验方法

6.1 凝固点

按GB 15308—2006中5.2.3进行。

6.2 抗冻结、融化性

按 GB 15308—2006 中 5.2 进行。

6.3 pH 值

按 GB 15308—2006 中 5.5 进行。

6.4 表面张力

按 GB 15308—2006 中 5.6 进行。

6.5 腐蚀率

按 GB 15308—2006 中 5.7 进行。

6.6 毒性

6.6.1 试验生物

试验鱼种应是斑马鱼(真骨鱼总目,鲤科),体长(30±5)mm,体重(0.3±0.1)g,选自同一驯养池中规格大小一致的幼鱼。试验前该鱼群应在与试验时相同的环境条件下,在连续曝气的水中至少驯养两周。试验前 24 h 停止喂饲,每天清理粪便及食物残渣。驯养期间死亡率不得超过 10%,如果超过 10%,则该批鱼不得用作试验。试验鱼应无明显的疾病和肉眼可见的畸形。试验前两周不应对其做疾病处理。斑马鱼驯养的环境参数见 GB/T 13267—1991 附录 B。

6.6.2 试验容器

2 L 玻璃烧杯,初次使用的试验容器,用前应仔细清洗。试验后,倒空容器,以适当的手段清洗,用水冲去痕量试验物质及清洁剂,干燥后备用。试验容器临用前用标准稀释水冲洗。

6.6.3 标准稀释水

新配置的标准稀释水 pH 值为 7.8±0.2,硬度为 250 mg/L 左右(以 $CaCO_3$ 计),用符合 GB/T 6682 要求的蒸馏水或去离子水,由下面 4 种溶液制备:

a) 氯化钙溶液:将 11.76 g 氯化钙($CaCl_2 \cdot 2H_2O$)溶于水中并稀释至 1 L。

b) 硫酸镁溶液:将 4.93 g 硫酸镁($MgSO_4 \cdot 7H_2O$)溶于水中并稀释至 1 L。

c) 碳酸氢钠溶液:将 2.59 g 碳酸氢钠($NaHCO_3$)溶于水中并稀释至 1 L。

d) 氯化钾溶液:将 0.23 g 氯化钾(KCl)溶于水中并稀释至 1 L。

将以上四种溶液各取 25 mL,加以混合并用蒸馏水稀释至 1 L。将配置好的稀释水曝气至溶解氧浓度达到空气饱和值,并将 pH 值稳定在 7.8±0.2。

6.6.4 试验条件

试验期间混合液温度保持在(23±2)℃,试验前 24 h 停止喂食,整个试验期间也不喂食。

6.6.5 试验步骤

按申明比例配成混合液,取 12 mL 混合液倒入烧杯内,用标准稀释水稀释至 2 000 mL。将 10 条健康的斑马鱼放入,在环境温度为(23±2)℃的条件下养 96 h,鱼的死亡率不大于 50%,即为合格。

6.7 灭火性能

6.7.1 仪器设备

秒表:分度值 0.1 s;

天平:精度 1 g;

量筒:分度值 10 mL。

MPZ/6 型手提贮压式泡沫灭火器或 MSZ/6 型手提贮压式水型灭火器。喷嘴见图 1;灭火剂充装量(6±0.2)L;充入氮气压力(表压)(1.2±0.1)MPa。

也可以使用厂家提供的 MPZ/6 型或 MSZ/6 型灭火器及喷嘴,但其喷射时间和喷射距离性能应符合 GB 4351.1—2005 的要求。

灭火剂:取经 6.7.2 样品储存试验后的灭火剂。

单位为毫米

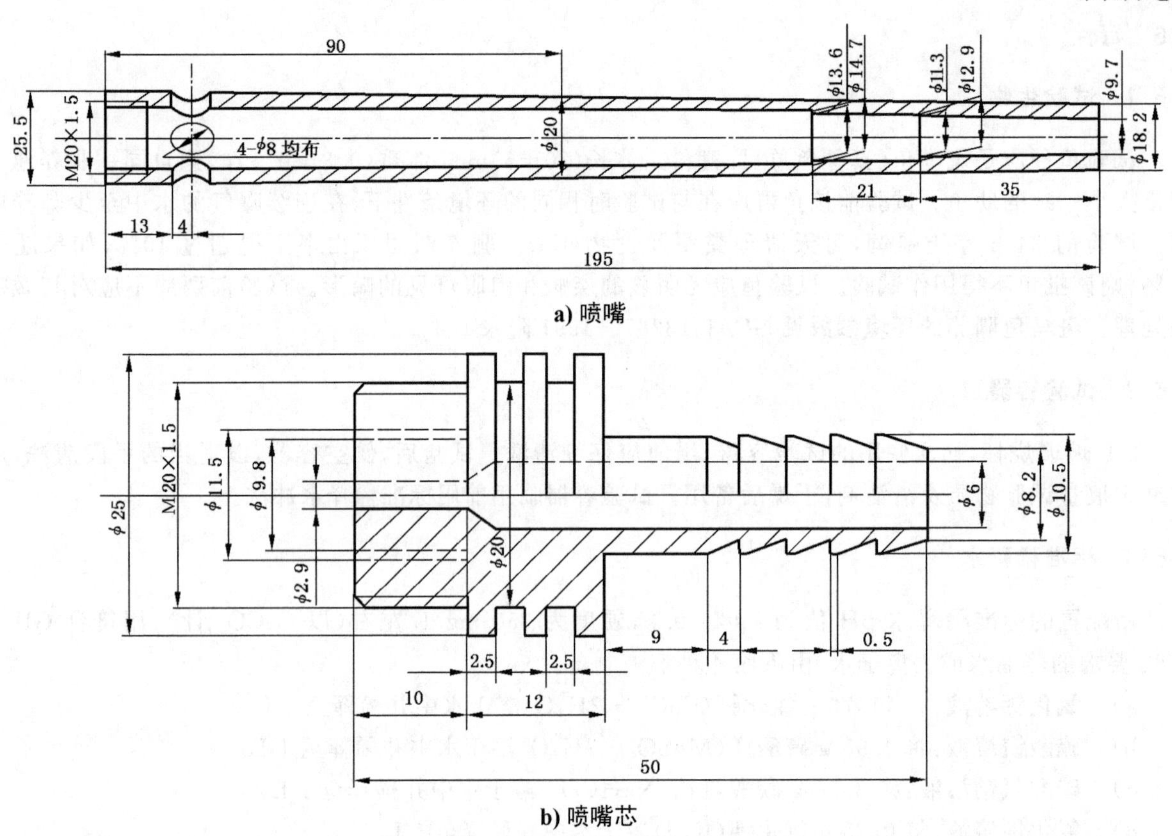

a) 喷嘴

b) 喷嘴芯

图 1 喷嘴

6.7.2 样品贮存试验

取一定量的样品,按 6.2 的规定首先进行抗冻结融化试验,然后,在(60±2)℃的环境中进行 7 天高温试验,最后在(20±5)℃的环境中放置 24 h 或以上,充装灭火器。

6.7.3 A 类火灭火试验

6.7.3.1 试验模型

A 类火试验模型由整齐堆放在金属支架上(或其他类似的支架上)的木条和正方形金属制的引燃

盘构成，支架高 400 mm±10 mm。

木条应经过干燥处理，其含水率保持在 10%～14%；木材的密度在含水率 12%时应为 0.45 g/cm³～0.55 g/cm³；木条的横截面为正方形，边长 39 mm±1 mm，木材长度 500 mm±10 mm。

木条分层堆放，上下层木条成直角排列，每层木条应间隔均匀。试验模型为正方形木垛，其边长等于木条的长度。试验模型的木条根数、层数、引燃盘尺寸和引燃油量应符合 GB 4351.1—2005 中表 11 规定。木垛的边缘木条应固定，以防止试验时被灭火剂冲散。引燃 A 类火试验模型用符合 SH 0004—1990 的 120 号溶剂油。

6.7.3.2 试验条件

A 类灭火试验应在室内进行，试验室应具有足够的空间，通风条件应满足木垛自由燃烧的要求。

灭火试验可有专人操作，操作者可穿戴透明面罩和隔辐射热的防护服与手套。

6.7.3.3 试验步骤

在引燃盘内先倒入深度为 30 mm 清水，再加入燃料，将引燃盘放入木垛的正下方。

点燃燃料，当燃料烧尽，可将引燃盘从木垛下抽出，让木垛自由燃烧。当木垛燃烧至其质量减少到原质量的 53%～57%时，则预燃结束。

注：木垛燃烧时的质量损失可直接测定或采用被证明可以提供相当一致结果的其他方法测定。

预燃结束后即开始灭火。灭火应从木垛正面，距木垛不小于 1.8 m 处开始喷射。然后接近木垛，并向顶部、底部、侧面等喷射，但不能向木垛的背面喷射。灭火时应使灭火器保持最大开启状态并连续喷射，操作者和灭火器的任何部位不应触及模型。

6.7.3.4 试验评定

火焰熄灭后 10 min 内没有可见的火焰(但 10 min 内出现不连续的火焰可不计)，即为灭火成功。

灭火试验中因木垛倒塌，则此次试验无效。

灭火试验应进行 3 次，其中有 2 次灭火成功，则视为成功。若连续 2 次灭火成功，第 3 次可以免做。

6.7.4 B 类火灭火试验

6.7.4.1 试验模型

B 类火灭火试验模型由圆形盘内放入燃料构成，盘用钢板制成，模型尺寸应符合 GB 4351.1—2005 中表 12 的规定。燃料为符合 SH 0004—1990 要求的橡胶工业用溶剂油(适用于抗醇和非抗醇型)、99%丙酮(适用于抗醇型)。

6.7.4.2 试验条件

B 类火灭火试验可在室外进行，但风速不应大于 3.0 m/s。但下雨、下雪或下冰雹时不应进行试验。试验时，油盘底部应与地面齐平，当油盘底部有加强筋时，必须使油盘底部不暴露于大气中。

灭火试验可有专人操作，操作者可穿戴透明面罩和隔辐射热的防护服与手套。

6.7.4.3 试验步骤

橡胶工业用溶剂油火试验时，为了防止油盘变形，可加入清水，但盘内水深不应大于 50 mm，不应小于 15 mm。99%丙酮火试验时，不得加入清水。

点燃燃料，橡胶工业用溶剂油火预燃 60 s；99%丙酮火预燃 120 s。

预燃结束后即开始灭火。在灭火过程中，灭火器可以连续喷射或间歇喷射，但操作者不得踏上或踏入油盘进行灭火。

6.7.4.4 试验评定

火焰熄灭后 1 min 内不出现复燃，且盘内还有剩余燃料，则灭火成功。

灭火试验应进行 3 次，其中有 2 次灭火成功，则视为成功。若连续 2 次灭火成功，第 3 次可以免做。

每次试验均应使用新的燃料，经燃烧后熄灭的燃料不得再次使用。

7 检验规则

7.1 批、组

7.1.1 一次投料于加工设备中制得的均匀产品为一批。

7.1.2 一批或多批(不超过 250 t)，并且是用相同的主要原材料和相同工艺生产的产品为一组。

7.2 取样

按 GB 15308—2006 中 6.1 进行。样品数量 25 kg。

7.3 出厂检验

7.3.1 每批产品的出厂检验项目至少应包括：凝固点、pH 值、表面张力。

7.3.2 每组产品的出厂检验项目至少应包括：凝固点、pH 值、表面张力和灭火性能。

7.4 型式检验

本标准第 5 章中所列的全部技术指标为型式检验项目，有下列情况之一时应进行型式检验，并规定型式检验时被抽样的产品基数不少于 2 t。

a) 新产品鉴定或老产品转厂生产时；

b) 正式生产中如原材料、工艺、配方有较大的改变时；

c) 产品停产一年以上恢复生产时；

d) 正常生产两年或间歇生产累计产量达 500 t 时；

e) 市场准入有要求时或国家质量监督机构提出型式检验时；

f) 出厂检验与上次型式检验有较大差异时。

7.5 检验结果判定

7.5.1 出厂检验结果判定

出厂检验结果判定，由生产厂根据检验规程自行判定。

7.5.2 型式检验结果判定

符合下列条件之一者，即判该样品合格。

——各项指标均符合第 5 章要求；

——只有一项 B 类不合格，其他项目均符合第 5 章要求；

——不超过两项 C 类不合格，其他项目均符合第 5 章要求；

——出现上述三个条件以外的情况，即判为该样品不合格。

8 包装、标志、运输和储存

8.1 包装

产品应密封盛装于塑料桶中或内部做防腐处理的铁桶中，最小包装 25 kg。

8.2 标志

产品包装容器上必须清晰、牢固地注明：

a） 产品的名称、型号和分类；

b） 如不受冻结、融化影响，应注明“不受冻结、融化影响”，否则注明“禁止冻结”；

c） 储存温度、最低使用温度和有效期；

d） 产品的净重、生产批号、生产日期及依据标准；

e） 生产厂名称、厂址和通讯方式。

8.3 运输和储存

运输避免磕碰，防止包装受损。

产品应储存在通风、阴凉处，储存温度应低于 45 ℃并高于其最低使用温度，储存期为 2 年。储存期内的产品，应符合本标准第 5 章相应要求。超过储存期的产品，每年应按本标准第 5 章的规定进行灭火性能检验，以确定产品的有效性。

ICS 13.220.10
C 84

中华人民共和国国家标准

GB 18614—2012
代替 GB 18614—2002

七氟丙烷(HFC227ea)灭火剂

Fire extinguishing agent heptafluoropropane (HFC227ea)

(ISO 14520-9:2006, Gaseous fire-extinguishing systems—Physical properties and system design—Part 9: HFC227ea extinguishant, NEQ)

2012-12-31 发布　　　　2013-10-01 实施

中华人民共和国国家质量监督检验检疫总局
中国国家标准化管理委员会　发布

前　言

本标准的第 4 章、第 6 章为强制性的，其余为推荐性的。

本标准按照 GB/T 1.1—2009 给出的规则起草。

本标准代替 GB 18614—2002《七氟丙烷(HFC227ea)灭火剂》，与 GB 18614—2002 相比，主要技术变化如下：

——修改了“酸度”试验方法(见 5.4，2002 年版的 5.3)；

——增加了“毒性”“灭火浓度”检验项目及其试验方法(见第 4 章表 1 及 5.8、5.9)；

本标准使用重新起草法参考 ISO 14520-9:2006《气体灭火系统　物理性能和系统设计　第 9 部分：HFC227ea 灭火剂》(英文版)编制，与 ISO 14520-9:2006 的一致性程度为非等效。

本标准由中华人民共和国公安部提出。

本标准由全国消防标准化技术委员会灭火剂分技术委员会(SAC/TC 113/SC 3)归口。

本标准起草单位：公安部天津消防研究所。

本标准主要起草人：庄爽、李姝、马建明、张彬、王帅、张璐。

本标准所代替标准的历次版本发布情况为：

——GB 18614—2002。

七氟丙烷(HFC227ea)灭火剂

1 范围

本标准规定了七氟丙烷(HFC227ea)灭火剂的术语和定义、要求、试验方法、检验规则、标志、包装、运输、贮存等内容。

本标准适用于七氟丙烷(HFC227ea)灭火剂。

2 规范性引用文件

下列文件对于本文件的应用是必不可少的。凡是注日期的引用文件,仅注日期的版本适用于本文件。凡是不注日期的引用文件,其最新版本(包括所有的修改单)适用于本文件。

GB/T 191—2008 包装储运图示标志

GB/T 601 化学试剂 标准滴定溶液的制备

GB/T 603 化学试剂 试验方法中所用制剂及制品的制备

GB 5749 生活饮用水卫生标准

GB/T 5907 消防基本术语 第一部分

GB/T 6682 分析实验室用水规格和试验方法

GB/T 7376 工业用氟代烷烃中微量水分的测定

GB 14193 液化气体气瓶充装规定

GB 14922.1 实验动物 寄生虫学等级及监测

GB 14922.2 实验动物 微生物学等级及监测

GB 14923 实验动物 哺乳类实验动物的遗传质量控制

GB 14924.3 实验动物 配合饲料营养成分

GB 14925 实验动物 环境及设施

GB/T 20702—2006 气体灭火剂灭火性能测试方法

3 术语和定义

GB/T 5907、GB/T 20702—2006 中界定的以及下列术语和定义适用于本文件。

3.1

七氟丙烷(HFC227ea)灭火剂 fire extinguishing agent heptafluoropropane(HFC227ea)

用于灭火的七氟丙烷(HFC227ea)。

注:七氟丙烷按我国的化学系统命名法应为 1,1,1,2,3,3,3—七氟丙烷,依照国际通用卤代烷命名法则称为 HFC227ea。具体含义为:HFC 代表氢氟烃;2 代表碳原子个数减 1(即 3 个碳原子);2 代表氢原子个数加 1(即 1 个氢原子);7 代表氟原子个数(即 7 个氟原子);e 表示中间碳原子的取代基形式为—CHF—;a 表示两端碳原子的取代原子量之和的差为最小即最对称。

4 要求

七氟丙烷(HFC227ea)灭火剂技术性能应符合表 1 的规定。

表 1　七氟丙烷(HFC227ea)灭火剂技术性能

项目		技术指标	不合格类型
纯度 %(*m*/*m*)		≥99.6	A
酸度 %(*m*/*m*)		$\leqslant 1\times10^{-4}$	A
水分 %(*m*/*m*)		$\leqslant 10\times10^{-4}$	A
蒸发残留物 %(*m*/*m*)		≤0.01	B
悬浮物或沉淀物		无混浊或沉淀物	B
灭火浓度(杯式燃烧器法) %(*V*/*V*)		6.7±0.2	A
毒性	麻醉性	无麻醉症状和特征	A
	刺激性	无刺激症状和特征	A

5　试验方法

5.1　一般规定

本标准所用试剂和水在没有注明其他要求时均指分析纯试剂和 GB/T 6682 中规定的三级水。

试验中所用标准溶液，在没有注明其他要求时均按 GB/T 601、GB/T 603 的规定制备。

5.2　取样

5.2.1　取样钢瓶

取样钢瓶应满足以下规定：

a)　材料为不锈钢；

b)　设计压力不应小于 1.5 MPa。

5.2.2　取样钢瓶的处理方法

取样钢瓶在第一次使用前，需用水和适当的溶剂(如乙醇或丙酮)洗涤。洗净后，在 105 ℃～110 ℃ 电热鼓风干燥箱内烘 3 h～4 h，趁热将钢瓶抽真空至绝对压力不高于 1.3 kPa，并在此压力下保持 1 h～2 h，然后关闭钢瓶阀门以备取样。

在以后的每次取样前，应把钢瓶中残留的七氟丙烷(HFC227ea)灭火剂样品放空，仍然在 1.3 kPa 条件下抽真空 1 h，再灌入少量的七氟丙烷(HFC227ea)灭火剂后，继续抽真空 1 h 以保持取样钢瓶的清洁和干燥。

5.2.3　取样方法

用一根干燥的不锈钢细管连接在灌装七氟丙烷(HFC227ea)灭火剂钢瓶的出口阀上，不锈钢细管要尽可能短，稍稍开启钢瓶阀门，放出七氟丙烷(HFC227ea)灭火剂，冲洗阀门及连接管 1 min，然后将连接管的末端迅速与取样钢瓶阀门紧密连接。把取样钢瓶放在台秤上(必要时，取样钢瓶可浸在冰盐浴中),将七氟丙烷(HFC227ea)灭火剂钢瓶的出口阀门打开,打开取样钢瓶阀门,使七氟丙烷(HFC227ea)灭火剂灌入其中。从台秤指示的重量变化来确定灌入样品的重量。取样结束后,先关闭取样钢瓶阀门,然后再关闭灌装七氟丙烷(HFC227ea)灭火剂的钢瓶阀门,拆除连接管。所有的试验均应液相取样。

5.3 纯度测定

5.3.1 测定仪器

纯度测定仪器采用气相色谱仪,配有毛细管色谱柱以及氢火焰检测器(以氢气作载气,对苯的灵敏度应高于 8 000 mV·mL/mg)。

5.3.2 测定条件

纯度测定条件见表 2。

表 2 纯度测定条件

项目	条件	项目	条件
检测器	氢火焰检测器	进样口温度 ℃	200
检测器温度 ℃	30～300	进样口	分流/不分流进样口, 分流比 40∶1
柱流速 mL/min	20	色谱柱温度 ℃	200
补偿气体流速 mL/min	45	色谱柱	GasPro 30 m×0.32 mm

5.3.3 测定步骤

5.3.3.1 启动气相色谱仪,按 5.3.2 规定的条件调节仪器,使仪器的条件稳定并符合要求。

5.3.3.2 将七氟丙烷(HFC227ea)灭火剂取样钢瓶接上取样管,放倒钢瓶(取液相汽化样),打开钢瓶阀门,使七氟丙烷(HFC227ea)灭火剂排气 1 s～3 s,然后导入气相色谱仪进行测定。

5.3.3.3 采用面积归一化计算方法,计算七氟丙烷(HFC227ea)灭火剂的纯度。

5.3.3.4 取三次平行测定结果的算术平均值为测定结果,各次测定的绝对偏差应不大于 0.05%。

5.4 酸度测定

5.4.1 原理概述

使试样汽化、鼓泡进入实验室三级水中,吸收酸性物质,以溴甲酚绿为指示液,用氢氧化钠标准滴定溶液滴定,求得酸度(以 HCl 计)。

5.4.2 试剂及仪器

使用的试剂、仪器及其要求如下:

a) 氢氧化钠标准滴定溶液:摩尔浓度为 0.01 mol/L;

b) 溴甲酚绿指示液:浓度为 1 g/L;

c) 电子天平:感量 1 g;

d) 微量滴定管:最小分度值 0.01 mL;

e）多孔式气体洗瓶：容积 250 mL；

f）锥形瓶：容积 250 mL。

5.4.3 测定步骤

5.4.3.1 在三个多孔式气体洗瓶中分别加入 100 mL 实验室三级水，在第三个多孔式气体洗瓶中加入溴甲酚绿指示液(2～3)滴，用导管串联。

5.4.3.2 擦干取样钢瓶及阀门，称量，准确至 1 g，将取样钢瓶阀门出口与第一个多孔式气体洗瓶连接，慢慢打开钢瓶阀门使液态样品汽化后通过三个多孔式气体洗瓶，大约通入 100 g 试样后关闭钢瓶阀门，取下取样钢瓶，擦干，称量，准确至 1 g。

5.4.3.3 若第三个多孔式气体洗瓶中指示液未变色，继续下述步骤，否则重新进行试验。

5.4.3.4 将第一个和第二个多孔式气体洗瓶的水合并，移入锥形瓶，加入溴甲酚绿指示液(2～3)滴，用氢氧化钠标准溶液滴定至终点。

5.4.4 计算

七氟丙烷(HFC227ea)灭火剂酸度(以 HCl 计)的质量分数 $X(\%)$ 按式(1)计算：

$$X = C_{(NaOH)} \times V \times 0.0365/(m_1 - m_2) \times 100\% \quad \cdots\cdots\cdots\cdots(1)$$

式中：

V ——耗用氢氧化钠标准滴定液的体积，单位为毫升(mL)；

$C_{(NaOH)}$ ——氢氧化钠标准滴定液的实际浓度，单位为摩尔每升(mol/L)；

m_1 ——试样吸收前取样钢瓶的质量，单位为克(g)；

m_2 ——试样吸收后取样钢瓶的质量，单位为克(g)；

0.036 5——与 1.00 mL 氢氧化钠标准滴定液相当的以克表示的氯化氢质量。

取两次平行测定结果的算术平均值作为测定结果，两次平行测定结果之差不得大于 0.000 1%。

5.5 水分测定

水分的测定按 GB/T 7376 的规定进行。

5.6 蒸发残留物测定

5.6.1 原理

使样品蒸发，称取高沸点残留物的质量，求得蒸发残留物含量。

5.6.2 试剂及仪器

使用的试剂、仪器及其要求如下：

a）洗净液：二氯甲烷(分析纯)；

b）蒸发器：由蒸发管和称量管组成，如图 1 所示；

c）恒温水槽；

d）电热鼓风干燥箱：可调节温度至 105 ℃±2 ℃。

5.6.3 测定步骤

5.6.3.1 将称量管在 105 ℃±2 ℃的电热鼓风干燥箱中干燥约 30 min 后，在干燥器中冷却，称准至 0.1 mg 为止，与蒸发管连接。

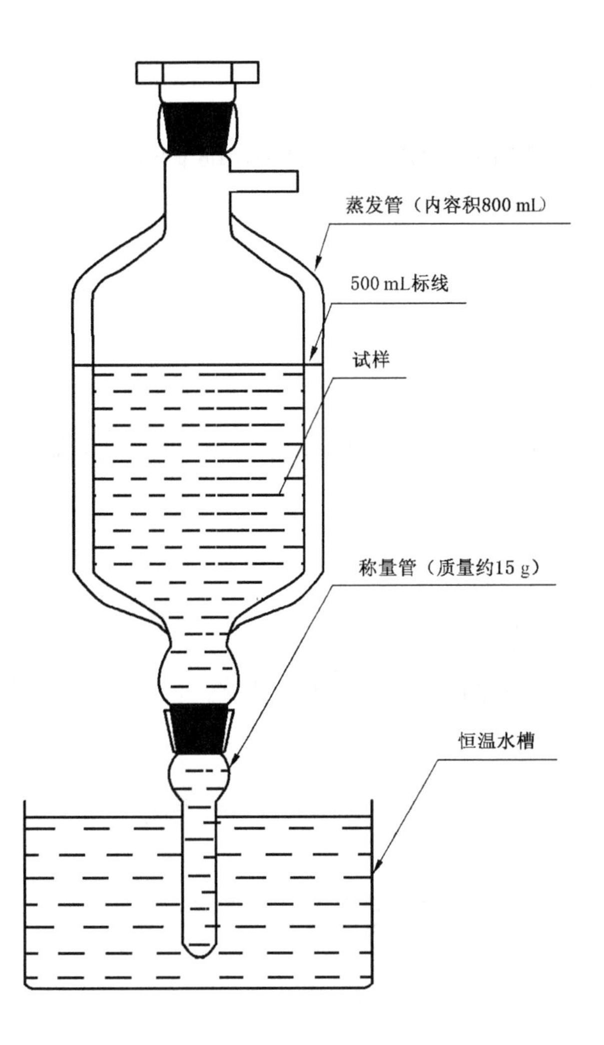

图1 蒸发器

5.6.3.2 称取冷却到不沸腾的试样约800 g于蒸发器内，将称量管一部分浸于恒温水槽中，使试样蒸发。恒温水槽的温度调节到试样可在1.5 h～2.0 h蒸发完毕。

5.6.3.3 试样气化结束后，在蒸发器中加入10 mL洗净液，把称量管放在约90 ℃的恒温水槽中，使洗净液气化，气化完成后，将称量管放在105 ℃±2 ℃的电热鼓风干燥箱中干燥约30 min后，在干燥器中冷却，称准至0.1 mg为止。

5.6.4 计算

蒸发残留物Y(%)按式(2)计算：

$$Y=\frac{m_1-m_2}{m}\times 100\% \qquad \cdots\cdots(2)$$

式中：

m_1——称量管的质量，单位为克(g)；

m_2——试样汽化后称量管的质量，单位为克(g)；

m——试样的质量，单位为克(g)。

5.7 悬浮物或沉淀物测定

取不沸腾的冷却试样10 mL置于内径约15 mm的试管内，擦干试管外壁附着的霜或湿气，从横向透视观察是否有混浊或沉淀物。

5.8 灭火浓度(杯式燃烧器法)测定

灭火浓度(杯式燃烧器法)的测定按 GB/T 20702—2006 附录 A 中 A.1～A.4 以及 A.6 的规定进行,燃料为正庚烷。

5.9 毒性测定

5.9.1 试验装置

5.9.1.1 装置概述

试验装置由灭火剂和空气供给系统、小鼠运动记录系统、小鼠转笼以及染毒箱等组成,如图 2 所示。

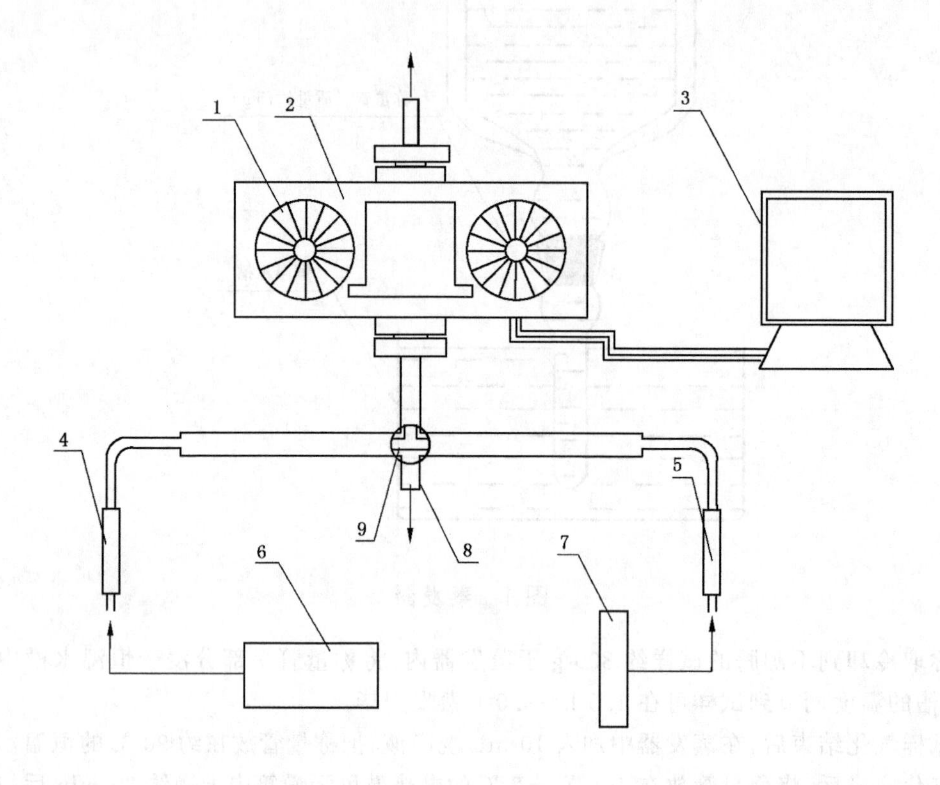

说明:

1 ——小鼠转笼;

2 ——染毒箱;

3 ——计算机;

4、5 ——流量计;

6 ——空气供给系统;

7 ——气体灭火剂样品;

8 ——排气口;

9 ——三通旋塞。

图 2 气体灭火剂毒性测试装置

5.9.1.2 小鼠转笼

小鼠转笼由铝制成,如图 3 所示,转笼质量为 60 g±10 g;小鼠转笼在支架上应能灵活转动,无固定静置点。

单位为毫米

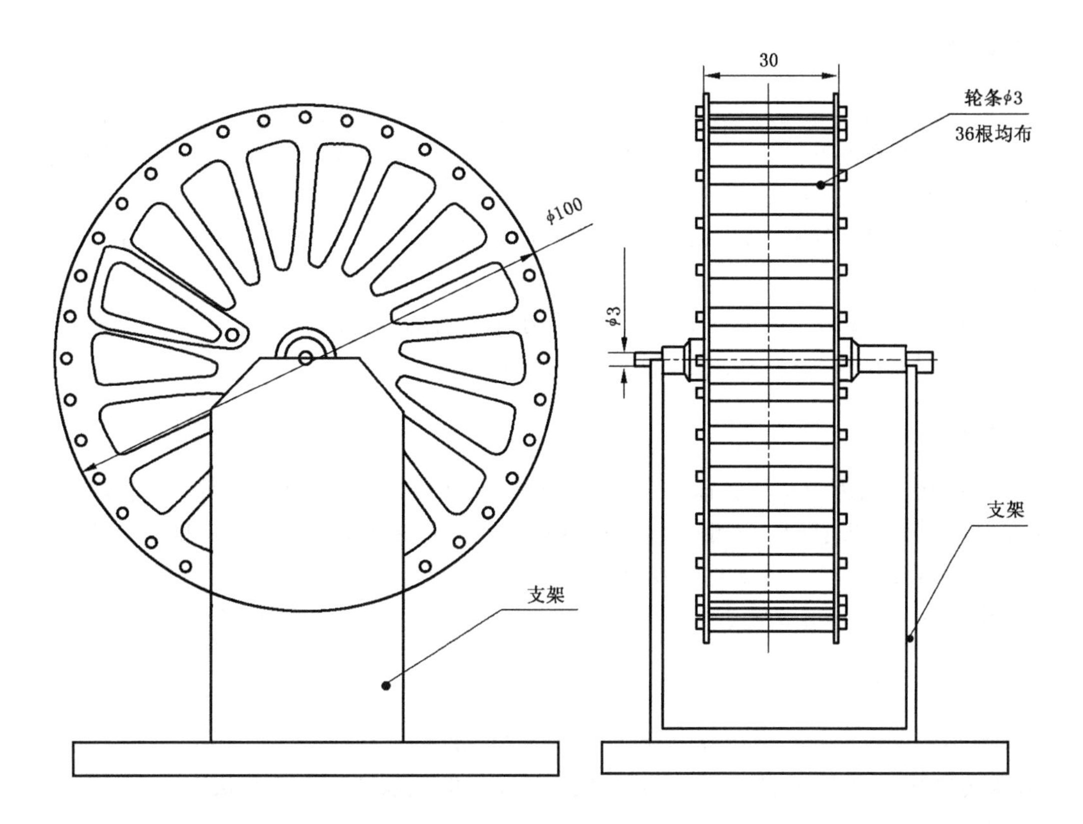

图3 小鼠转笼

5.9.1.3 染毒箱

染毒箱由无色透明的有机玻璃材料制成,染毒箱有效空间体积约 9.2 L,可容纳 10 只小鼠进行染毒试验。

5.9.1.4 灭火剂和空气供给系统

灭火剂和空气供给系统由空气源(瓶装压缩空气或空气压缩机抽取洁净的环境空气)和可调节的 2.5 级气体流量计及输气管线组成。

5.9.1.5 小鼠运动记录系统

小鼠运动记录采用红外或磁信号监测小鼠转笼转动的情况,每只小鼠的时间-运动图谱应能定性地反映每时刻转笼的角速度。

5.9.2 试验动物要求

5.9.2.1 试验动物应是符合 GB 14922.1 和 GB 14922.2 要求的清洁级试验小鼠。

5.9.2.2 试验小鼠必须从取得试验动物生产许可证的单位获得,其遗传分类应符合 GB 14923 的近交系或封闭群要求。

5.9.2.3 从生产单位获得的试验小鼠应作环境适应性喂养,在试验前 2 天,试验小鼠体重应有增加,试验时周龄应为 5 周~8 周,质量应为 21 g±3 g。

5.9.2.4 每个试验组试验小鼠为 8 只或 10 只。雌雄各半,随机编组。

5.9.2.5 试验小鼠饮用水应符合 GB 5749 要求;饲料应符合 GB 14924.3 要求;环境和设施应符合

GB 14925 的要求。

5.9.3 试验步骤

5.9.3.1 在试验前 5 min,应将小鼠按编号称重、装笼、安放到染毒试验箱的支架上,盖合染毒箱盖。

5.9.3.2 开启灭火剂和空气供给系统并分别调节流量,使灭火剂和空气的混合气体中灭火剂浓度达到 5.8 中测试灭火浓度的 1.3 倍。

5.9.3.3 通过三通旋塞将初始 10 min 的混合气直接排放掉,然后旋转三通旋塞,让混合气进入染毒箱,试验开始。

5.9.3.4 试验进行 30 min,在此过程中观察和记录小鼠的行为变化。

5.9.3.5 30 min 试验结束,迅速打开染毒箱,取出小鼠。

5.9.4 试验现象观察

5.9.4.1 30 min 染毒期内观察小鼠运动情况:呼吸变化、昏迷、痉挛、惊跳、挣扎、不能翻身、欲跑不能等症状;小鼠眼区变化情况:闭目、流泪、肿胀、视力丧失等。记录上述现象的时间和死亡时间。

5.9.4.2 染毒刚结束及染毒后 1 h 内应观察小鼠行为的变化情况并记录。

5.9.4.3 染毒后的 3 d 内,应观察小鼠各种症状的变化情况,每天记录各种现象及死亡情况。

5.9.5 毒性伤害性质的确定

5.9.5.1 实验小鼠出现下列症状和特征时,毒性判定为“麻醉”:

a) 在染毒期中,小鼠有昏迷、惊跳、痉挛、失去平衡、仰卧、欲跑不能等症状出现;
b) 小鼠运动图谱显示在染毒期中小鼠有较长时间停止运动或在某一时刻后不再运动的丧失逃离能力的特征图谱;
c) 小鼠在 30 min 染毒期或其后 1 h 内死亡。

5.9.5.2 实验小鼠出现下列症状和特征时,毒性判定为“刺激”:

a) 染毒期中小鼠寻求躲避,有明显的眼部和呼吸行为异常,口鼻黏液增多;轻度刺激表现为闭目、流泪、呼吸加快;中度和重度刺激表现为眼角膜变白、肿胀,甚至丧失视力、气紧促和咳嗽;
b) 小鼠运动图谱显示小鼠几乎一直跑动;
c) 小鼠染毒后 3 天内行动迟缓、虚弱厌食或出现死亡现象。

6 检验规则

6.1 检验类别与项目

6.1.1 出厂检验

纯度、酸度以及水分为出厂检验项目。

6.1.2 型式检验

第 4 章表 1 规定的全部项目为型式检验项目。

有下列情况之一时,应进行产品型式检验:

a) 新产品鉴定或老产品转厂生产时;
b) 正式生产后,如原料、工艺有较大改变时;
c) 正式生产时每隔三年的定期检验;
d) 停产 1 年以上恢复生产时;

e) 发生重大质量事故时；

f) 国家质量监督机构提出进行型式检验要求时。

6.2 组批

出厂检验以一次性投料于加工设备制得的均匀物质为一批。以在相同生产环境条件下，用相同的原料和工艺生产的一批或多批产品为一组。

6.3 抽样

6.3.1 型式检验样品应从出厂检验合格的产品中抽取。

6.3.2 按批抽样，应随机抽取不小于 2 kg 样品。

6.4 检验结果判定

6.4.1 出厂检验结果判定

出厂检验项目中，纯度、酸度以及水分任一项不合格，则判定出厂检验不合格。

6.4.2 型式检验结果判定

型式检验结果符合下列条件之一者，即判定该批产品合格，否则判该批产品不合格：

a) 各项指标均符合第 4 章要求；

b) 只有一项 B 类不合格，其他项目均符合第 4 章相应要求。

7 标志、包装、运输和贮存

7.1 标志

产品包装外表面应清晰、牢固的标明“七氟丙烷（HFC227ea）灭火剂”字样，并应有符合 GB/T 191—2008规定的“怕晒”标志。产品应附有合格证，标明产品名称、总重、灭火剂净重、批号、标准编号、生产日期、生产厂名称等。

7.2 包装

产品应用外涂银白色漆的专用钢瓶或 TANK 包装，充装应符合 GB 14193 规定，充装系数不得大于规定值。首次使用的钢瓶应确保钢瓶内干燥与清洁；对重复使用的钢瓶，钢瓶内应保持正压。

7.3 运输

盛装灭火剂的钢瓶和 TANK 为带压容器，在装卸运输过程中应轻装轻卸，容器应戴好安全帽，严禁撞击、拖拉、摔落和直接曝晒，并应符合铁路、公路对危险货物运输的有关规定。

7.4 贮存

盛装灭火剂的钢瓶和 TANK 应贮存于通风、阴凉、干燥的地方，不得靠近热源，确保容器温度不超过 52 ℃，严禁雨淋日晒和接触腐蚀性物质。贮存放置应整齐，立放时要妥善固定；横放时，头部朝一个方向，垛高不应超过 5 层。

ICS 13.220.01
C 84

中华人民共和国国家标准

GB 20128—2006

惰性气体灭火剂

Inert fire extinguishing agent

2006-03-01 发布　　2006-10-01 实施

中华人民共和国国家质量监督检验检疫总局
中国国家标准化管理委员会　发布

前　言

本标准的第4章、第6章为强制性，其余为推荐性。

本标准是参照国际标准ISO 14520.12:2005(IG-01灭火剂)、ISO 14520.13:2005(IG-100灭火剂)、ISO 14520.14:2005(IG-55灭火剂)和ISO 14520.15:2005(IG-541灭火剂)的规定制定的。

本标准由中华人民共和国公安部提出。

本标准由全国消防标准化技术委员会第三分技术委员会(SAC/TC113/SC 3)归口。

本标准起草单位：公安部天津消防研究所。

本标准起草人：庄爽、李姝。

本标准为首次发布。

惰性气体灭火剂

1 范围

本标准规定了惰性气体灭火剂的定义、要求、试验方法、检验规则、标志、包装、运输、贮存等内容。

本标准适用于惰性气体灭火剂。

2 规范性引用文件

下列文件中的条款通过本标准的引用而成为本标准的条款。凡是注明日期的引用文件，其随后所有的修改单(不包括勘误的内容)或修订版均不适用于本标准，然而，鼓励根据本标准达成协议的各方研究是否可使用这些文件的最新版本。凡是不注日期的引用文件，其最新版本适用于本标准。

GB/T 5832.2—1986 气体中微量水分的测定 露点法

GB/T 6379—2004 测量方法与结果的准确度(正确度与精密度)

气瓶安全监察规程

3 术语和定义

下列术语和定义适用于本标准。

3.1

惰性气体灭火剂 inert fire extinguishing agent

由氮气、氩气以及二氧化碳气按一定质量比混合而成的灭火剂。

3.2

IG-01 惰性气体灭火剂 inter fire extinguishing agent IG-01

由氩气单独组成的气体灭火剂。

3.3

IG-100 惰性气体灭火剂 inter fire extinguishing agent IG-100

由氮气单独组成的气体灭火剂。

3.4

IG-55 惰性气体灭火剂 inter fire extinguishing agent IG-55

由氩气和氮气按一定质量比混合而成的灭火剂。

3.5

IG-541 惰性气体灭火剂 inter fire extinguishing agent IG-541

由氩气、氮气和二氧化碳气按一定质量比混合而成的灭火剂。

4 要求

4.1 一般要求

IG-01 惰性气体灭火剂应是无色、无味、不导电的气体；

IG-100 惰性气体灭火剂应是无色、无味、不导电的气体；

IG-55　惰性气体灭火剂应是无色、无味、不导电的气体；

IG-541　惰性气体灭火剂应是无色、无味、不导电的气体。

4.2　性能要求

4.2.1　惰性气体(IG-01)灭火剂的技术性能应符合表1的规定。

表 1

项目	指标
氩气含量 %	≥99.9
水分含量(质量分数) %	≤50×10^{-4}
悬浮物或沉淀物	不可见

4.2.2　惰性气体(IG-100)灭火剂的技术性能应符合表2的规定。

表 2

项目	指标
氮气含量 %	≥99.6
水分含量(质量分数) %	≤50×10^{-4}
氧含量(质量分数) %	≤0.1

4.2.3　惰性气体(IG-55)灭火剂的技术性能应分别符合表3、表4的规定。

表 3

项目	指标
氩气含量 %	45～55
氮气含量 %	45～55

表 4

组分气体	氩气	氮气
纯度 %	≥99.9	≥99.9
水分含量(质量分数) %	≤15×10^{-4}	≤10×10^{-4}

4.2.4 惰性气体(IG-541)灭火剂的技术性能应分别符合表5、表6的规定。

表5

项目	指标
二氧化碳含量 %	7.6～8.4
氩气含量 %	37.2～42.8
氮气含量 %	48.8～55.2

表6

项目	组分气体		
	氩气	氮气	二氧化碳
纯度 %	≥99.97	≥99.99	≥99.5
水分含量(质量分数) %	$\leqslant 4\times10^{-4}$	$\leqslant 5\times10^{-4}$	$\leqslant 1\times10^{-3}$
氧含量(质量分数) %	$\leqslant 3\times10^{-4}$	$\leqslant 3\times10^{-4}$	$\leqslant 1\times10^{-3}$

5 试验方法

5.1 灭火剂含量的测定

5.1.1 仪器及测定条件

5.1.1.1 仪器

气相色谱仪,配有热导检测器(以氢气作载气,对苯的灵敏度应优于1 000 mV·mL/mg)。

5.1.1.2 测定条件

测定条件以HP6890气相色谱仪为例,见表7。

表7

项目	条件	项目	条件
仪器	HP6890增强型气相色谱仪	色谱柱	HP—PLOT毛细管柱 及5A分子筛毛细管柱
检测器	热导检测器	进样口	温度:150 ℃
	检测器温度:250 ℃		压力:160 psi
	补偿气体流量:10 mL/min	汽化室温度	50 ℃
	参比气体流量:20 mL/min	载气	氦气,纯度99.99%

5.1.2 测定步骤

5.1.2.1 采样

惰性气体灭火剂必须混合均匀后方可进行含量分析。

5.1.2.2 测定

气相色谱仪启动后，按5.1.1.2规定的条件调节好色谱仪，待仪器稳定符合要求后，打开取样钢瓶阀门，惰性气体冲洗管路1 s～3 s后接上气相色谱仪，通过自动进样阀进入色谱仪进行含量分析。

5.1.2.3 测定结果及允许偏差

取三次平行测定结果的算术平均值作为测定结果，各次测定结果的绝对偏差应不大于0.05%。

5.2 各组分气体纯度的测定

5.2.1 仪器及测定条件

5.2.1.1 仪器

同5.1.1.1的相应要求。

5.2.1.2 测定条件

同5.1.1.2的相应要求。

5.2.1.3 测定步骤

同5.1.2的相应要求。

5.2.1.4 测定结果及允许偏差

同5.1.2.3的相应要求。

5.3 水分含量的测定

5.3.1 仪器

以露点仪为例：测量范围0 ℃～－70 ℃，并满足下列技术要求：

5.3.1.1 当仪器温度高于气体中水分露点至少2 ℃时，可以控制气体进出仪器的流量。

5.3.1.2 把流动的样品气冷却到足够低的温度，使得水蒸气凝结，冷却的速度可调。

5.3.1.3 能观察露的出现和准确地测量露点。

5.3.1.4 气路系统死体积小且气密性好，露点室内气压应接近大气压力。

5.3.1.5 用标准样衡量仪器是否符合要求，按GB/T 6379—2004中的相应条款进行。

5.3.2 测定步骤

按GB/T 5832.2—1986中第5章的规定进行测定。

5.3.3 测定结果及允许偏差

取两次平行测定结果的算术平均值作为测定结果，各次测定结果的绝对偏差应不大于0.5×10^{-4}%。

5.4 组分气体氧含量的测定

5.4.1 仪器

以氧含量测定仪为例：其测量范围 $0.1\times10^{-4}\%$～20.9%，测量偏差≤5%，并满足下列技术要求：

5.4.1.1 仪器的检测器是由稳定的氧化锆固体电解质、铂金电极、参比气体和待测气体组成的化学电池。

5.4.1.2 当待测气体中含有和氧含量同一数量级的还原性气体氢气或一氧化碳，从而造成对氧含量测定的干扰时，应配有净化装置以消除对测量氧含量的影响。

5.4.1.3 仪器前应安装稳压阀。

5.4.2 测定条件

检测器温度：700 ℃；待测气体流量：400 mL/min；仪器应放置在环境干净、湿度适中，无腐蚀性气体和免振荡的场所。

5.4.3 测定步骤

5.4.3.1 接通电源，开启电源开关。

5.4.3.2 仪器进入加热状态，检测器温度设定为 700 ℃。

5.4.3.3 待检测器温度稳定后(700±1)℃，调节待测气体流量为 400 mL/min，使气流将净化管和管道中残余气排除干净后即可开始测定。

5.5 悬浮物或沉淀物的测定

取不沸腾的冷却试样 10 mL 置于内径约 15 mm 的试管内，擦干试管外壁附着的霜或湿气，从横向透视观察是否有混浊或沉淀物。

6 检验规则

6.1 检验类别与项目

6.1.1 出厂检验

灭火剂含量为出厂检验项目。

6.1.2 型式检验

型式检验项目为第 4 章规定的全部项目。有下列情况之一时，应进行产品型式检验：

a) 产品试生产定型鉴定或老产品转厂生产时；

b) 正式生产后，如原料、工艺有较大改变时；

c) 正式生产时每隔 2 年的定期检验；

d) 停产 1 年以上，恢复生产时；

e) 产品出厂检验结果出现不合格时；

f) 国家产品质量监督检验机构提出进行型式检验要求时。

6.2 组批

批为一次性投料于加工设备制得的均匀物质。

组为在相同的环境条件下，用相同的原料和工艺生产的产品，包括一批或多批。

6.3 抽样

6.3.1 型式检验产品应从出厂检验合格的产品中抽取。抽取前应将产品混合均匀,每一项性能检验前应将样品混合均匀。

6.3.2 按“组”和“批”抽样,都应随机抽取不小于10 kg样品。

6.4 判定规则

出厂检验、型式检验结果应符合本标准第4章规定的要求,如有一项不符合本标准要求,应重新从两倍数量的包装中取样,复验后仍有一项不符合本标准要求,则判定为不合格产品。

7 标志、包装、运输、贮存

7.1 盛装惰性气体灭火剂的钢瓶应在瓶口阀下锥形部分清晰牢固地标明“惰性气体IG-01、IG-100、IG-541或IG-55”字样(字体用仿宋体)。

7.2 盛装惰性气体灭火剂和相应原料的钢瓶应附有产品合格证,合格证应标明以下内容:产品名称、净重、批号、标准号、生产厂、地址以及生产日期等。

7.3 盛装惰性气体灭火剂钢瓶应符合国家《气瓶安全监察规程》的规定。

7.4 惰性气体灭火剂钢瓶的充装应符合国家《气瓶安全监察规程》第七章“充装”的有关规定。

ICS 13.220.10
C 83

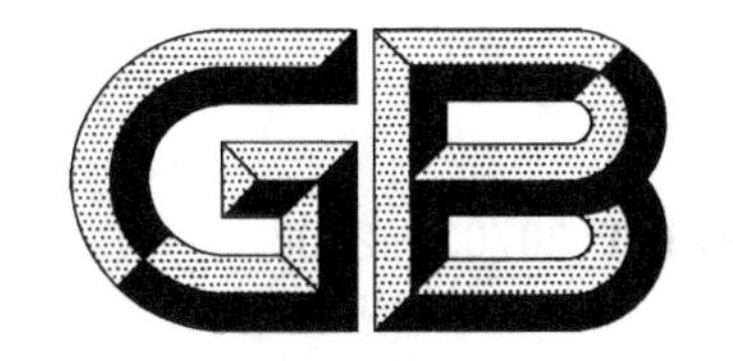

中华人民共和国国家标准

GB/T 20702—2006

气体灭火剂灭火性能测试方法

Test method for extinguishing property of gaseous extinguishing agent

（ISO 14520-1:2000，Gaseous fire-extinguishing systems—Physical properties and system design—Part 1:General requirements，NEQ）

2006-12-26 发布 2007-05-01 实施

中华人民共和国国家质量监督检验检疫总局
中国国家标准化管理委员会 发布

前　言

本标准与ISO 14520-1:2000《气体灭火系统　物理性能和系统设计　第1部分:一般要求》的一致性程度为非等效,其中本标准的附录A按照ISO 14520-1:2000附录B的内容制定,附录B按照ISO 14520-1:2000附录D的内容制定。

本标准的附录A、附录B都是规范性附录。

本标准由中华人民共和国公安部提出。

本标准由全国消防标准化技术委员会第三分技术委员会(SAC/TC 113/SC 3)归口。

本标准起草单位:公安部天津消防研究所。

本标准主要起草人:李铭、王万刚、庄爽、陈忠信。

气体灭火剂灭火性能测试方法

1 范围

本标准规定了使用杯式燃烧器确定气体灭火剂灭可燃气体和可燃液体火时，灭火剂在空气中灭火浓度的试验方法和在三元体系中(燃料、灭火剂、空气)基于燃烧性曲线数据，测定灭火剂的惰化浓度的试验方法。

本标准适用于气体灭火剂灭火浓度和惰化浓度的测试。

2 规范性引用文件

下列文件中的条款通过本标准的引用而成为本标准的条款。凡是注日期的引用文件，其随后所有的修改单(不包括勘误的内容)或修订版均不适用于本标准，然而，鼓励根据本标准达成协议的各方研究是否可使用这些文件的最新版本。凡是不注日期的引用文件，其最新版本适用于本标准。

GB/T 5907 消防基本术语 第一部分

3 术语与定义

GB/T 5907 确立的以及下列术语和定义适用于本标准。

3.1

灭火浓度 extinguishing concentration

不考虑任何安全系数，在确定的实验条件下扑灭特定燃料火所需要的灭火剂最低浓度。

3.2

惰化浓度 inerting concentration

使某一种可燃气体和空气的混合物在任何比例下都不能燃烧所需气体灭火剂的最低体积百分浓度。

4 测定方法

4.1 气体灭火剂灭火浓度的测试方法

气体灭火剂灭火浓度的测试采用杯式燃烧器法，见附录 A。

4.2 气体灭火剂惰化浓度的测试方法

气体灭火剂惰化浓度的测试方法见附录 B。

附 录 A
（规范性附录）
杯式燃烧器法测定气体灭火剂的灭火浓度

A.1 试验原理

本附录提出了使用杯式燃烧器确定气体灭火剂灭可燃气体和可燃液体火时，灭火剂在空气中灭火浓度的试验方法。

在同轴流动的空气流中心位置处，圆形杯中燃料燃烧扩散的火焰被在这一空气中加入的气体灭火剂扑灭。

A.2 试验设备

A.2.1 概要

杯式燃烧器测量装置的布局和结构如图 A.1 所示。所标注的尺寸，除另有说明外，所有尺寸的误差均为±5%。

单位为毫米

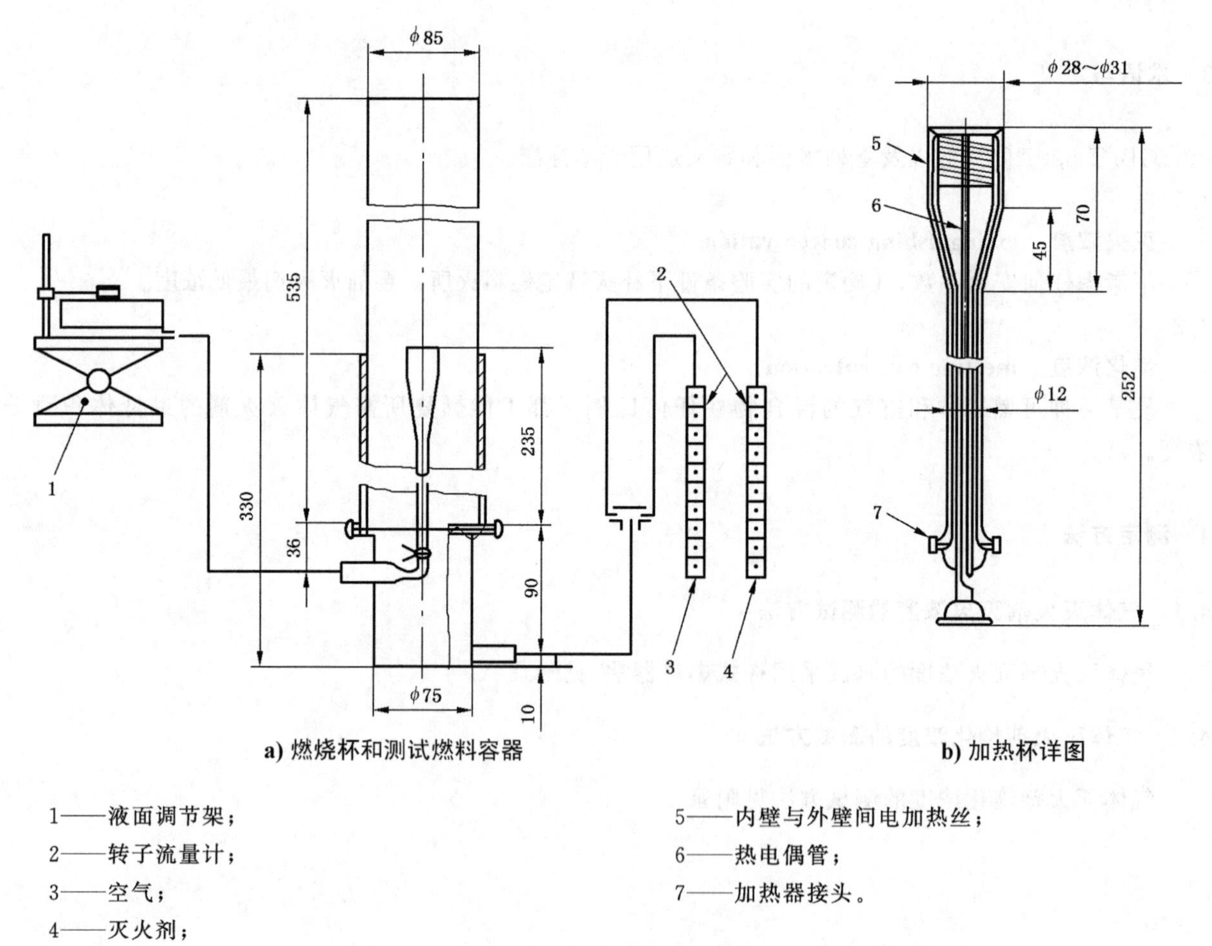

1——液面调节架；
2——转子流量计；
3——空气；
4——灭火剂；
5——内壁与外壁间电加热丝；
6——热电偶管；
7——加热器接头。

图 A.1 杯式燃烧器

A.2.2 杯

杯应是圆形的，由玻璃、石英或钢制成；外径范围是 28 mm～31 mm，壁厚 1 mm～2 mm；杯顶部边缘倒角 45°。如图 A.1 所示，杯内顶部中央以下 2mm～5 mm 处应有测温装置，可测量杯内此处燃料的温度；有加热燃料的装置，可对杯中的燃料加热。杯的实际形状与图中所示相似。用于气体燃料的杯子应在其顶部装有可获得均匀气流的装置（如：杯子可以用耐火材料填充）。

A.2.3 烟筒

烟筒是圆形的，用玻璃或石英制成，内径（85±2）mm，壁厚 2 mm～5 mm，高度（535±5）mm。

A.2.4 扩散器

扩散器在烟筒底部，可以导入空气和灭火剂的预混流，以便在烟筒截面上均匀分布空气和灭火剂流量。扩散器内空气和灭火剂温度应为（25±10）℃，使用校准的感温器测量。

A.2.5 燃料供应

供应液态燃料应是可调节的，以保证输送到杯内的液体燃料维持在固定的液位。供应气体燃料应可以控制，要以固定的流量输送到杯中。

A.2.6 集气管

空气和灭火剂在集气管中汇集成为单一的混合流输送入扩散器。

A.2.7 空气供应

将空气送入集气管，空气流速可以调节，应使用已校准的装置测量空气流量。

A.2.8 灭火剂供应

将灭火剂送入集气管，灭火剂的流速可以调节，如果按 A.6.2 方法确定灭火剂浓度，应该用已校准的装置测量灭火剂流量。

A.2.9 输送装置

输送装置应以气体形式向杯式燃烧器输送有代表性的、可测量的灭火剂样品。

A.3 材料

A.3.1 空气

空气应清洁、干燥、无油，其中氧的体积百分比浓度为（20.9±0.5）%。应记录所用空气的来源和氧的含量。

注：商用高压容器供应的空气其氧含量与 20.9%有差别。

A.3.2 燃料

所用燃料的类型和质量应是合格产品。

A.3.3 灭火剂

灭火剂的类型应是经确认的合格产品，并应与提供者的说明书相符合。多组分灭火剂应预混后提供。液体灭火剂应以纯净灭火剂提供,不要用氮气加压。

A.4 采用可燃液体为燃料测定气体灭火剂灭火浓度的试验步骤

A.4.1 将可燃液体放入燃料供应罐中。

A.4.2 将燃料导入杯中,调节液面水平与杯顶部距离在 5 mm~10 mm 内。

A.4.3 运行杯的加热装置,使燃料达到(25±3)℃或者开口杯式闪点以上(5±3)℃,选择较高者。在此过程中,应调整杯中燃料液位,使其在燃料测温装置的上方。

注:给出的燃料温度是试验开始时的温度。

A.4.4 调节空气的流量为 10 L/min。

A.4.5 点燃燃料。

A.4.6 通入灭火剂之前,燃料应预燃 60 s~120 s。在此期间将杯中燃料的液位调至距杯顶 1 mm 之内。

A.4.7 开始通入灭火剂。逐渐增加灭火剂的流量,直至火焰熄灭。在火焰熄灭的时候记录灭火剂和空气的流量。增加灭火剂流速会导致灭火剂的浓度增加,这一增加不要超过先前浓度值的 2%。在灭火剂流量调整后,应等一段时间(10 s),使得在集气管中新比例的灭火剂和空气能到达杯的位置。在此过程中,液位保持在距杯的顶部 1 mm 内。

注:开始试验时,大量增加流速以获得所需的灭火剂流量,随后的试验中在接近临界流量时,开始少量增加流量直至火焰熄灭为止。

A.4.8 按照 A.6 的规定确定灭火剂的灭火浓度。

A.4.9 下步试验前,应清除杯中的燃料和所有附着在杯上的残余物以及燃烧的烟黑。

A.4.10 在空气的流量分别为 20 L/min、30 L/min、40 L/min、50 L/min 条件下,重复 A.4.1 至 A.4.9 试验步骤。

A.4.11 绘制由 A.4.8 确定的灭火浓度/空气流量曲线图,确定该曲线图上的稳定区(即灭火浓度最大且不受空气流量影响的空气流量范围)。如果图上没有稳定区,应按 A.4.10 对大于 50 L/min 的空气流量进行进一步测量。

A.4.12 将可燃液体放入燃料供应罐中。

A.4.13 将燃料导入杯中,调节液面与杯顶部距离在 5 mm~10 mm 内。

A.4.14 运行杯的加热装置,使燃料达到(25±3)℃或者开口杯式闪点以上(5±3)℃,选择较高者。在此过程中,调整杯中燃料液位。使得燃料液位在燃料测温装置的上方。

注:给出的燃料温度是试验开始时的温度。

A.4.15 调节空气的流量达到按 A.4.11 确定的稳定区域上的流量。

A.4.16 点燃燃料。

A.4.17 通入灭火剂之前,燃料应预燃 60 s~120 s。在此期间将杯中燃料的液位调至距杯顶 1 mm 之内。

A.4.18 开始通入灭火剂。逐渐增加灭火剂的流速,直至火焰熄灭。在火焰熄灭的时候记录灭火剂和空气的流量。增加灭火剂流速会导致灭火剂的浓度增加,这一增加不要超过前面值的 2%。在灭火剂流量调整后,应等一段时间(10 s),使得在集气管中新比例的灭火剂和空气能到达杯的位置。在此过程中,液位保持在距杯的顶部 1 mm 内。

注:开始试验时,大量增加流速以获得所需的灭火剂流量,随后的试验中在接近临界流量时,开始少量增加流量直至火焰熄灭为止。

A.4.19 下步试验前,应清除杯中的燃料和所有附着在杯上的残余物以及燃烧的烟黑。

A.4.20 重复四次 A.4.12 至 A.4.19 试验步骤。

A.4.21 根据 5 次试验平均值并按 A.6 的规定计算在未加热燃料的条件下灭火剂的灭火浓度。

A.4.22 重复A.4.12至A.4.20的试验步骤,使燃料温度保持在低于其沸点5℃,或者200℃,选择较低者。在整个试验过程中燃料温度应保持在此限定范围内。

A.4.23 根据A.6的规定及5次试验平均值,确定在加热燃料的条件下气体灭火剂的灭火浓度。

A.5 采用可燃气体为燃料测定气体灭火剂灭火浓度的试验步骤

A.5.1 用于气体燃料的杯应能在杯顶部获得均匀的气流。例如,将用于液体燃料的杯用耐火材料和沙填充就可以。

A.5.2 气体燃料要通过压力调节装置来供应,该装置可以调节和测量气体的流量。该装置需要校准。

A.5.3 调节空气的流量为40 L/min。

A.5.4 将气体燃料通入杯中。

A.5.5 点燃燃料,调节燃料流量,使火焰达到8 cm的高度。

A.5.6 通入灭火剂前,使燃料预燃60 s。

A.5.7 开始通入灭火剂,逐渐增加灭火剂的流量,直至火焰熄灭。在火焰熄灭的时候记录灭火剂、空气和燃料的流量。增加灭火剂流量会导致灭火剂的浓度增加,这一增加不要超过先前浓度值的3%。在灭火剂流量调整后,应等一段时间(10 s),使得在集气管中新比例的灭火剂和空气能到达杯的位置。

注:开始试验时,大量增加流速以获得所需的灭火剂流量,随后的试验中在接近临界流量时,开始少量增加流量直至火焰熄灭为止。

A.5.8 火焰熄灭后停止可燃气体供应。

A.5.9 下步试验前,应清除杯中所有附着在杯上的残余物以及燃烧的烟黑。

A.5.10 按照A.6的规定确定灭火剂灭火浓度。

A.5.11 在火焰高度分别为4 cm、6 cm、10 cm和12 cm的条件下,重复A.5.3至A.5.9的试验步骤。

A.5.12 确定灭火浓度最大时燃料的火焰高度。

A.5.13 调节空气的流量为40 L/min。

A.5.14 将气体燃料通入杯中。

A.5.15 点燃燃料。调节燃料流量,使火焰达到上述需要灭火剂浓度最大时的高度。

A.5.16 在开始通入灭火剂前,让燃料燃烧60 s。

A.5.17 开始通入灭火剂,逐渐增加灭火剂的流量,直至火焰熄灭。在火焰熄灭的时候记录灭火剂、空气和燃料的流量。增加灭火剂流量会导致灭火剂的浓度增加,这一增加不要超过先前浓度值的3%。在灭火剂流量调整后,应等一段时间(10 s),使得在集气管中新比例的灭火剂和空气能到达杯的位置。

注:开始试验时,大量增加流速以获得所需的灭火剂流量,随后的试验中在接近临界流量时,开始少量增加流量直至火焰熄灭为止。

A.5.18 火焰熄灭后,停止可燃气体供应。

A.5.19 下步试验前,应清除杯中所有附着在杯上的残余物以及燃烧的烟黑。

A.5.20 按照A.6的规定确定灭火剂的灭火浓度。

A.5.21 重复四次A.5.13至A.5.20试验步骤。

A.5.22 按照A.6的规定及5次试验的平均值确定燃料未加热情况下气体灭火剂的灭火浓度。

A.6 气体灭火剂灭火浓度的计算方法

A.6.1 推荐方法

该方法确定灭火剂与空气混合物中灭火剂蒸气浓度,这个浓度恰好熄灭火焰。所使用的气体分析仪器在测量空气灭火剂混合物的浓度范围内是标定了的。这种装置具有连续采样的功能(如,在线气体分析仪),也可是其他类型不连续采样的分析仪器(如气相色谱)。推荐使用连续测量技术。

可用连续氧分析仪测量烟筒里杯下方空气/灭火剂混合物中氧的存留浓度。氧浓度数值受灭火剂浓度的影响，灭火剂浓度可按下式计算：

$$C=100\times\left(1-\frac{O_2}{O_{2(sup)}}\right) \qquad \cdots\cdots(A.1)$$

式中：

C ——灭火剂浓度，体积百分数(%)；

O_2 ——烟筒里空气/灭火剂混合物中氧浓度，体积百分数(%)；

$O_{2(sup)}$ ——空气源中的氧浓度，体积百分数(%)。

A.6.2 替代方法

在灭火剂/空气混合物中的灭火剂浓度可以通过测量灭火剂和空气的流量计算得到。如果使用质量流速仪，测得的质量流速可通过下面的公式转换成体积流速。

$$V_i=\frac{m_i}{\rho_i} \qquad \cdots\cdots(A.2)$$

式中：

V_i ——气体 i 的体积流量，单位为升每分钟(L/min)；

m_i ——气体 i 的质量流量，单位为克每分钟(g/min)；

ρ_i ——气体 i 的密度，单位为克每升(g/L)。

应注意实际的蒸气密度。在环境温度和压力下许多卤代烃的蒸气密度与按理想气体定律计算所得到的值相差几个百分点。

例如：HFC-227_{ea}在 295 K，101.3 kPa 时蒸气密度比按理想气体计算约高出 2.4%；在 6.7 kPa(6.6%)时实际密度值比按理想气体计算值小 0.2%。

在可能的情况下可以使用公布的数值，无公布数值时可以采用估算技术。在试验报告中应记录物理特征值的来源。

灭火剂体积百分比浓度 C 可按如下计算：

$$C=\frac{V_{ext}}{V_{ext}+V_{air}}\times 100 \qquad \cdots\cdots(A.3)$$

式中：

C ——灭火剂的体积百分比浓度(%)；

V_{air} ——空气的体积流量，单位为升每分钟(L/min)；

V_{ext} ——灭火剂的体积流量，单位为升每分钟(L/min)。

A.7 试验报告

在试验报告中至少应包括下列内容：

a) 设备示意图，所用材料的种类、尺寸；

b) 灭火剂、燃料、空气的来源和成分；

c) 对于每次试验，试验开始时的燃料温度，灭火时的燃料温度及灭火时空气/灭火剂混合物的温度；

d) 灭火时，灭火剂、气体燃料和空气的流量；如果使用 A.6.1 的方法，用灭火剂的浓度或氧浓度代替灭火剂的流量；

e) 确定灭火浓度的方法；

f) 每次试验灭火剂的灭火浓度；

g) 不加热燃料和加热燃料(加热到低于其沸点 5 ℃，或者 200 ℃，选择较低者)时的灭火浓度；

h) 测量误差分析；

i) 按 A.4.9 至 A.4.11，A.5.10 至 A.5.12 试验步骤画出灭火浓度/空气流量图，确定灭火剂的灭火浓度。

附 录 B
（规范性附录）
气体灭火剂惰化浓度测定方法

B.1 试验原理

本附录规定了在三元体系中（燃料、灭火剂、空气）基于燃烧性曲线数据，测定气体灭火剂的惰化浓度（或称抑爆浓度）的试验方法。

在1个大气压（1 bar或14.7 psia）下，用火花隙点燃燃料/灭火剂/空气混合物，测量压力的升高。

B.2 设备

B.2.1 试验容器

球形，容积为（7.9±0.25）L，配有入口和出口，热电偶和压力传感器。如图B.1。

B.2.2 点火器

由四根石墨棒（“H”铅笔铅芯）组成，用两根电线系在其端处，两线间距离大约3 mm，通常电阻为1 Ω。

B.2.3 电容器

两个525 μF、450 V的电容器串联，用导线与点火器连接。

B.2.4 内部混合风扇

能够承受爆炸时的温度和压力。

B.3 试验步骤

B.3.1 球和组件应处于通常的室温下（22±3）℃，应记录超出此范围有差别的温度。

B.3.2 将压力传感器与适宜的记录仪连接，以测量试验容器内的压力升。此压力传感器的精度为70 Pa。

B.3.3 将试验容器抽真空。

B.3.4 输入灭火剂，用分压的方法使其达到要求的浓度。如果是液体应有足够的时间等待其蒸发。

B.3.5 加入燃料蒸气和空气[相对湿度为（50±5）%]，用分压的方法使其达到要求的浓度，直至容器内达到1个大气压（1 bar或14.7 psia）。

B.3.6 开启风扇，混合1 min；关闭风扇，等待1 min，使混合物达到静止状态。

B.3.7 给电容器充电至720 V～740 V（DC）的电压，可产生68 J～70 J的贮存能量。

B.3.8 合上开关，电容器放电。

注：电容器放电电流引起石墨棒表面的电离，击穿间隙，引起电晕放电。

B.3.9 如果有压力升，测量出数值并做记录。

B.3.10 用蒸馏水和布清洗试验容器内部，以避免分解残余物的沉积。

B.3.11 保持燃料/空气的比例，改变灭火剂的数量重复试验，直至找到压力较最初压力升高了0.07倍的条件。

注：确定可燃边界即找到这样的组成：恰好能产生0.07倍的压力升；或者在最初压力为1个大气压（1 bar或14.7 psia）时，压力升为1 psi。

B.3.12 重复试验，改变燃料/空气的比例和灭火剂的浓度，测试惰化该混合物最高灭火剂蒸气浓度。

B.4 试验结果

B.3.12 测试的浓度即为气体灭火剂的惰化浓度。

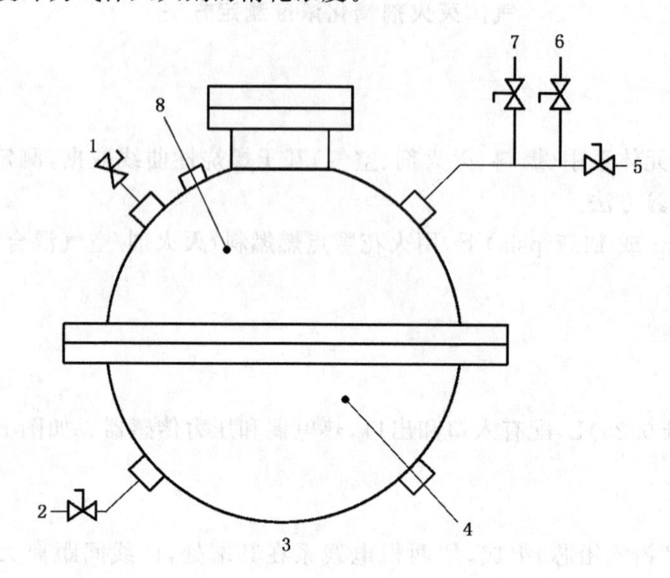

1——取样口；
2——气体入口；
3——7.9 L 试验容器；
4——点火器；
5——通风口；
6——真空表；
7——压力表；
8——测试罐。

图 B.1 惰化设备

ICS 13.220.10
C 84

中华人民共和国国家标准

GB 25971—2010

六氟丙烷(HFC236fa)灭火剂

Fire extinguishing agent hexafluoropropane (HFC236fa)

(ISO 14520-11:2005, Gaseous fire-extinguishing systems—Physical properties and system design—Part 11: HFC236fa extinguishant, NEQ)

2011-01-10 发布　　　　2011-06-01 实施

中华人民共和国国家质量监督检验检疫总局
中国国家标准化管理委员会　发布

前言

本标准的第4章和第6章为强制性的，其余为推荐性的。

本标准与ISO 14520-11:2005《气体灭火系统 物理性能和系统设计 第11部分:HFC236fa灭火剂》(英文版)的一致性程度为非等效。

本标准附录A为资料性附录。

本标准由中华人民共和国公安部提出。

本标准由全国消防标准化技术委员会灭火剂分技术委员会(SAC/TC 113/SC 3)归口。

本标准起草单位:公安部天津消防研究所、云南天霄系统集成消防安全技术有限公司。

本标准主要起草人:庄爽、李姝、田野、刘慧敏。

六氟丙烷(HFC236fa)灭火剂

1 范围

本标准规定了六氟丙烷(HFC236fa)灭火剂的术语和定义、要求、试验方法、检验规则、标志、包装、运输和贮存等内容。

本标准适用于六氟丙烷(HFC236fa)灭火剂。

2 规范性引用文件

下列文件中的条款通过本标准的引用而成为本标准的条款。凡是注日期的引用文件,其随后所有的修改单(不包括勘误的内容)或修订版均不适用于本标准,然而,鼓励根据本标准达成协议的各方研究是否可使用这些文件的最新版本。凡是不注日期的引用文件,其最新版本适用于本标准。

GB/T 601 化学试剂 标准滴定溶液的制备

GB/T 603 化学试剂 试验方法中所用制剂及制品的制备(GB/T 603—2002,ISO 6353-1:1982,Reagents for chemical analysis—Part 1:General test methods,NEQ)

GB 5749 生活饮用水卫生标准

GB/T 6682 分析实验室用水规格和试验方法(GB/T 6682—2008,ISO 3696:1987,MOD)

GB/T 7376 工业用氟代烷烃中微量水分的测定

GB 14922.1 实验动物 寄生虫学等级与监测

GB 14922.2 实验动物 微生物学等级与监测

GB 14923 实验动物 哺乳类实验动物的遗传质量控制

GB 14924.3 实验动物 小鼠大鼠配合饲料

GB 14925 实验动物 环境及设施

GB/T 20702—2006 气体灭火剂灭火性能测试方法(ISO 14520-1:2000,Gaseous fireextinguishing systems—Physical properties and system design—Part 1:General requirements,NEQ)

气瓶安全监察规程 国家质量技术监督局[2000]250 号文件

3 术语和定义

下列术语和定义适用于本标准。

3.1

六氟丙烷(HFC236fa)灭火剂 fire extinguishing agent hexafluoropropane (HFC236fa)

依照国际通用卤代烷命名法则称为 HFC236fa。具体含义为:HFC 代表氢氟烃;2 代表碳原子个数减 1(即 3 个碳原子);3 代表氢原子个数加 1(即 2 个氢原子);6 代表氟原子个数(即 6 个氟原子);f 表示中间碳原子的取代基形式为—CH_2—;a 表示两端碳原子的取代原子量之和的差为最小即最对称。

4 要求

六氟丙烷(HFC236fa)灭火剂技术性能应符合表 1 的规定。

表 1 六氟丙烷(HFC236fa)灭火剂技术性能

项目		技术指标	不合格类型
纯度/%(质量分数)		≥99.6	A
酸度/%(质量分数)		$\leqslant 3\times10^{-4}$	A
水分/%(质量分数)		$\leqslant 10\times10^{-4}$	A
蒸发残留物/%(质量分数)		≤0.01	B
悬浮物或沉淀物		无混浊或沉淀物	B
灭火浓度(杯式燃烧器法)/%(体积分数)		6.5±0.2	A
毒性	麻醉性	无麻醉症状和特征	A
	刺激性	无刺激症状和特征	A

5 试验方法

5.1 一般规定

本标准所用试剂和水在没有注明其他要求时均指分析纯试剂和 GB/T 6682 中规定的三级水。

试验中所用标准溶液,在没有注明其他要求时均按 GB/T 601 和 GB/T 603 的规定制备。

5.2 取样

5.2.1 取样钢瓶

取样钢瓶应满足以下规定:

a) 材料为不锈钢;

b) 设计压力不应小于 1.5 MPa。

5.2.2 取样钢瓶的处理方法

取样钢瓶在第一次使用前,需用水和适当的溶剂(如乙醇或丙酮)洗涤。洗净后,在 105 ℃～110 ℃电热鼓风干燥箱内烘 3 h～4 h,趁热将钢瓶抽真空至绝对压力不高于 1.3 kPa,并在此压力下保持 1 h～2 h,然后关闭钢瓶阀门以备取样。

在以后的每次取样前,应把钢瓶中残留的六氟丙烷(HFC236fa)灭火剂样品放空,仍然在 1.3 kPa 条件下抽真空 1 h,再灌入少量的六氟丙烷(HFC236fa)灭火剂后,继续抽真空 1 h 以保持取样钢瓶的清洁和干燥。

5.2.3 取样方法

用一根干燥的不锈钢细管连接在灌装六氟丙烷(HFC236fa)灭火剂钢瓶的出口阀上,不锈钢细管要尽可能短,稍稍开启钢瓶阀门,放出六氟丙烷(HFC236fa)灭火剂,冲洗阀门及连接管 1 min,然后将连接管的末端迅速与取样钢瓶阀门紧密连接。把取样钢瓶放在台秤上(必要时,取样钢瓶可浸在冰盐浴中),将六氟丙烷(HFC236fa)灭火剂钢瓶的出口阀门打开,打开取样钢瓶阀门,使六氟丙烷(HFC236fa)灭火剂灌入其中。从台秤指示出的质量变化来确定灌入样品的质量。取样结束后,先关紧取样钢瓶阀门,然后再关紧灌装六氟丙烷(HFC236fa)灭火剂的钢瓶阀门,拆除连接管。所有的试验均应液相取样。

5.3 纯度测定

5.3.1 测定仪器

测定仪器采用气相色谱仪，配有毛细管色谱柱以及氢火焰检测器（以氢气作载气，对苯的灵敏度应高于 8 000 mV·mL/mg）。

5.3.2 测定条件

测定条件见表 2。

表 2 纯度测定条件

项目	条件	项目	条件
检测器	氢火焰检测器	进样口温度/℃	200
检测器温度/℃	300	进样口	分流/不分流进样口， 分流比 40：1
柱流速/(mL/min)	20	色谱柱温度/℃	200
补偿气体流速/(mL/min)	45	色谱柱	GasPro 30 m×0.32 mm

5.3.3 测定步骤

5.3.3.1 启动气相色谱仪，按 5.3.2 规定的条件调节仪器，使仪器的条件稳定并符合要求。

5.3.3.2 将六氟丙烷(HFC236fa)灭火剂取样钢瓶接上取样管，放倒钢瓶(取液相汽化样)，打开钢瓶阀门，使六氟丙烷(HFC236fa)灭火剂排气 1 s～3 s，然后导入气相色谱仪进行测定(色谱图例参见附录 A)。

5.3.3.3 采用面积归一化计算方法，计算六氟丙烷(HFC236fa)灭火剂的纯度。

5.3.3.4 取三次平行测定结果的算术平均值为测定结果，各次测定的绝对偏差应不大于 0.05%。

5.4 酸度测定

5.4.1 原理概述

使试样汽化，鼓泡进入实验室三级水中，吸收酸性物质，以溴甲酚绿为指示液，用氢氧化钠标准滴定溶液滴定，求得酸度(以 HCl 计)。

5.4.2 试剂及仪器

使用的试剂、仪器及其要求如下：

a) 氢氧化钠标准滴定溶液：摩尔浓度为 0.01 mol/L；
b) 溴甲酚绿指示液：浓度为 1 g/L；
c) 电子天平：感量 1 g；
d) 微量滴定管：最小分度值 0.01 mL；
e) 多孔式气体洗瓶：容积 250 mL；
f) 锥形瓶：容积 250 mL。

5.4.3 测定步骤

5.4.3.1 在三个多孔式气体洗瓶中分别加入 100 mL 实验室三级水，在第三个多孔式气体洗瓶中加入溴甲酚绿指示液(2～3)滴,用导管串联。

5.4.3.2　擦干取样钢瓶及阀门,称量,准确至1 g,将取样钢瓶阀门出口与第一个多孔式气体洗瓶连接,慢慢打开钢瓶阀门使液态样品汽化后通过三个多孔式气体洗瓶,大约通入100 g试样后关闭钢瓶阀门,取下取样钢瓶,擦干,称量,准确至1 g。

5.4.3.3　若第三个多孔式气体洗瓶中指示液未变色,继续下述步骤,否则重新进行试验。

5.4.3.4　将第一个和第二个多孔式气体洗瓶的水合并,移入锥形瓶,加入溴甲酚绿指示液(2～3)滴,用氢氧化钠标准溶液滴定至终点。

5.4.4　计算

六氟丙烷(HFC236fa)灭火剂酸度(以HCl计)的质量分数x(%)按公式(1)计算:

$$x=\frac{C_{NaOH}\times V\times 0.0365}{m_1-m_2}\times 100\% \qquad \cdots\cdots(1)$$

式中:

V ——耗用氢氧化钠标准滴定液的体积,单位为毫升(mL);

C_{NaOH} ——氢氧化钠标准滴定液的实际浓度,单位为摩尔每升(mol/L);

m_1 ——试样吸收前取样钢瓶的质量,单位为克(g);

m_2 ——试样吸收后取样钢瓶的质量,单位为克(g);

0.036 5——与1.00 mL氢氧化钠标准滴定液相当的以克表示的氯化氢质量。

取两次平行测定结果的算术平均值作为测定结果,两次平行测定结果之差不得大于0.000 1%。

5.5　水分测定

水分的测定按GB/T 7376的规定进行。

5.6　蒸发残留物测定

5.6.1　原理

使样品蒸发,称取高沸点残留物的质量,求得蒸发残留物含量。

5.6.2　试剂及仪器

使用的试剂、仪器及其要求如下:

a)　洗净液:二氯甲烷(分析纯);

b)　蒸发器:由蒸发管和称量管组成,如图1所示;

c)　恒温水槽;

d)　电热鼓风干燥箱:可调节温度至(105±2)℃。

5.6.3　测定步骤

5.6.3.1　将称量管在(105±2)℃的电热鼓风干燥箱中干燥约30 min后,在干燥器中冷却,称准至0.1 mg为止,与蒸发管连接。

5.6.3.2　称取冷却到不沸腾的试样约800 g于蒸发器内,将称量管一部分浸于恒温水槽中,使试样蒸发。恒温水槽的温度调节到试样可在1.5 h～2.0 h蒸发完毕。

5.6.3.3　试样气化结束后,在蒸发器中加入10 mL洗净液,把称量管放在约90 ℃的恒温水槽中,使洗净液气化,气化完成后,将称量管放在(105±2)℃的电热鼓风干燥箱中干燥约30 min后,在干燥器中冷却,称准至0.1 mg为止。

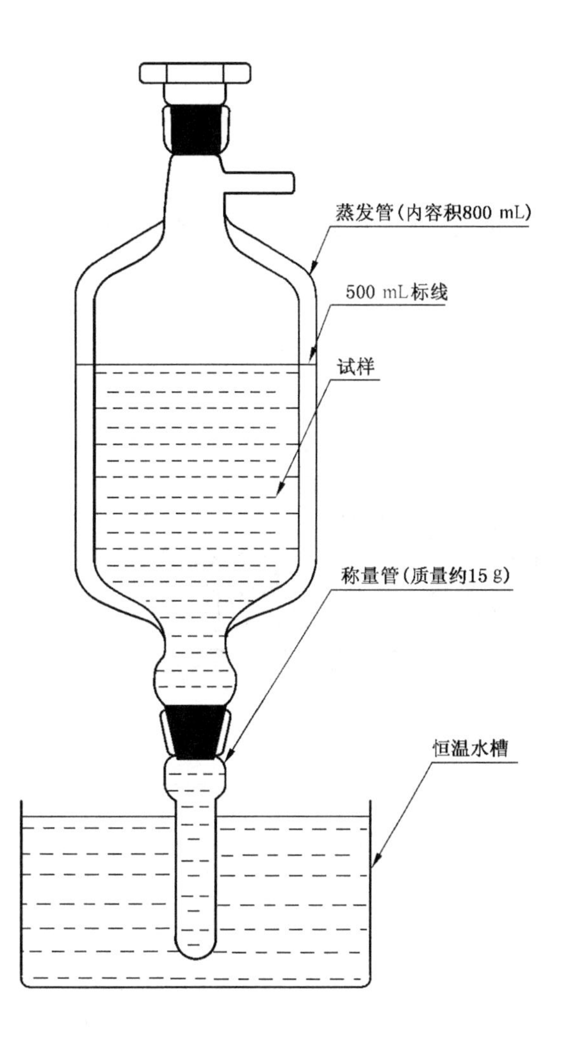

图 1　蒸发器

5.6.4　计算

蒸发残留物 Y(%)按公式(2)计算：

$$Y = \frac{m_1 - m_2}{m} \times 100\% \qquad \cdots\cdots(2)$$

式中：

m_1——称量管的质量，单位为克(g)；

m_2——试样汽化后称量管的质量，单位为克(g)；

m ——试样的质量，单位为克(g)。

5.7　悬浮物或沉淀物测定

取不沸腾的冷却试样 10 mL 置于内径约 15 mL 的试管内，擦干试管外壁附着的霜或湿气，从横向透视观察是否有混浊或沉淀物。

5.8　灭火浓度(杯式燃烧器法)测定

灭火浓度(杯式燃烧器法)的测定按 GB/T 20702—2006 附录 A 中 A.1～A.4 以及 A.6 的规定进行，燃料为正庚烷。

5.9 毒性测定

5.9.1 试验装置

5.9.1.1 装置概述

试验装置由灭火剂和空气供给系统、小鼠运动记录系统、小鼠转笼以及染毒箱等组成，如图 2 所示。

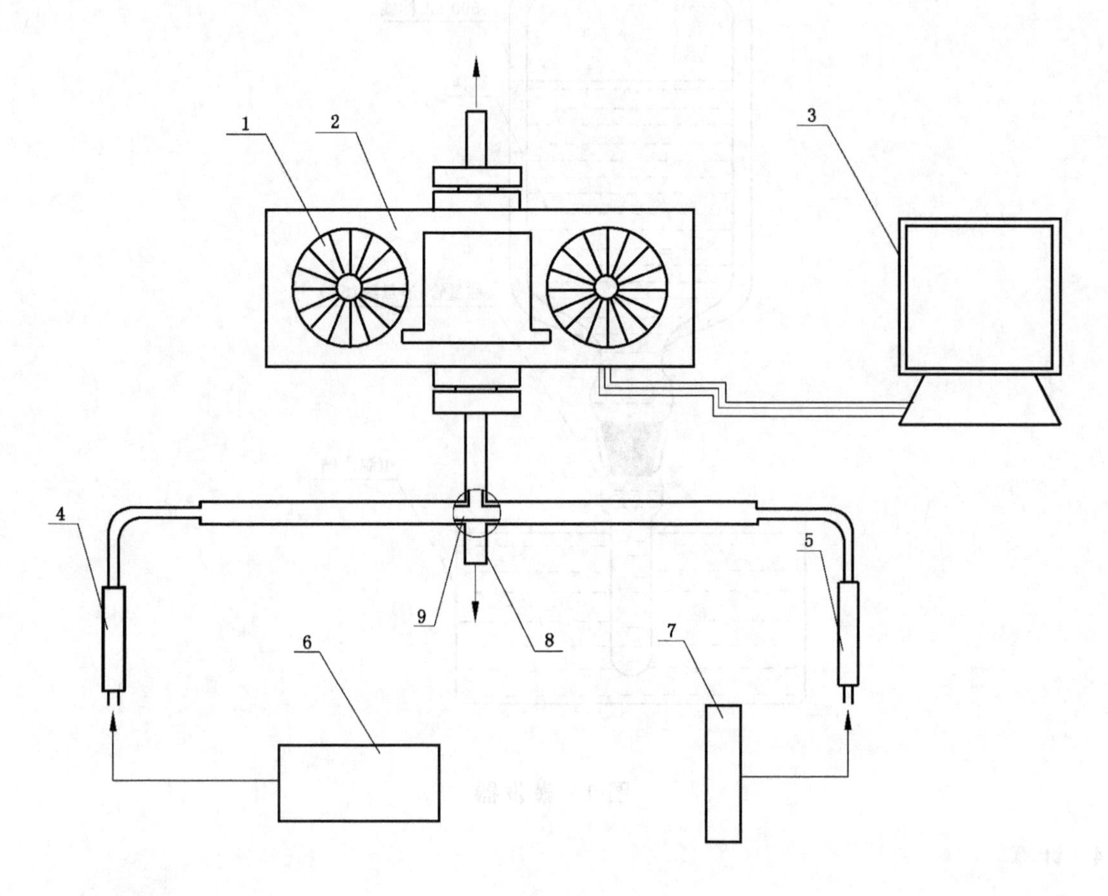

1 ——小鼠转笼；
2 ——染毒箱；
3 ——计算机；
4、5——流量计；
6 ——空气供给系统；
7 ——气体灭火剂样品；
8 ——排气口；
9 ——三通旋塞。

图 2 气体灭火剂毒性测试装置

5.9.1.2 小鼠转笼

小鼠转笼由铝制成，如图 3 所示，转笼质量为(60±10)g；小鼠转笼在支架上应能灵活转动，无固定静置点。

单位为毫米

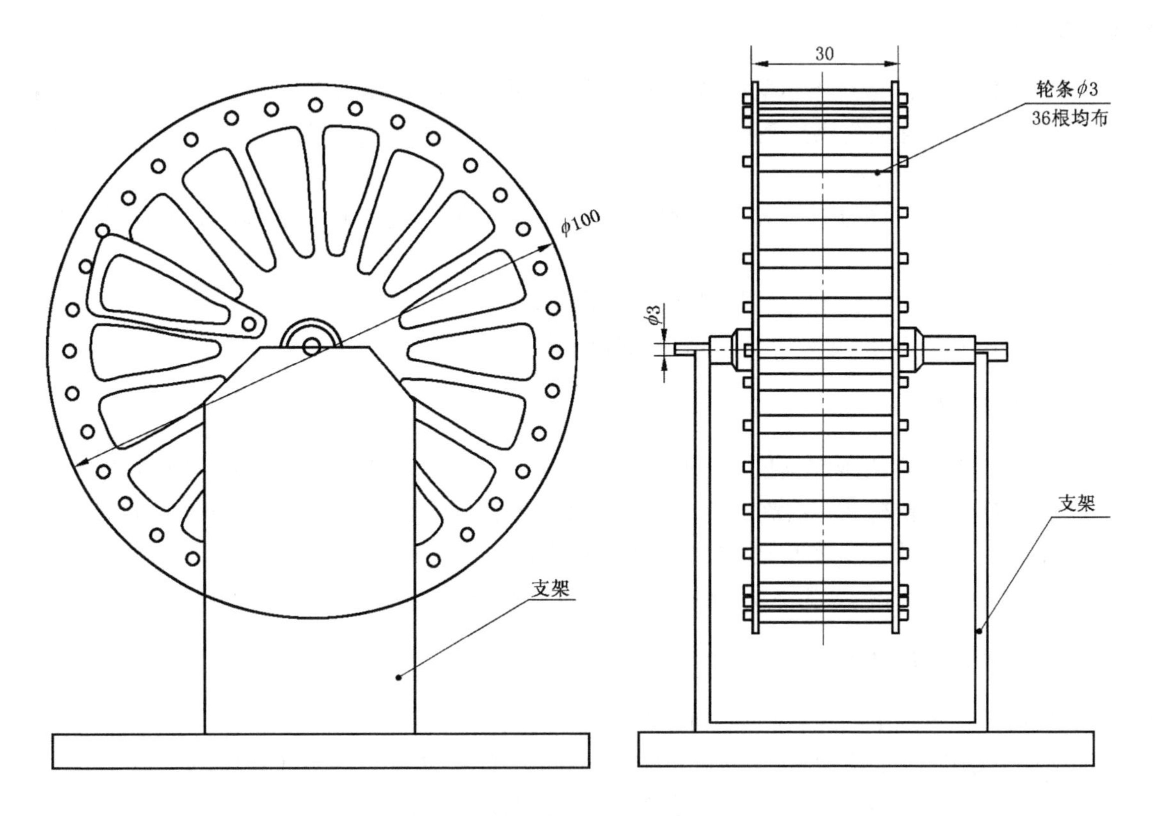

图3 小鼠转笼

5.9.1.3 染毒箱

染毒箱由无色透明的有机玻璃材料制成，染毒箱有效空间体积约9.2 L，可容纳10只小鼠进行染毒试验。

5.9.1.4 灭火剂和空气供给系统

灭火剂和空气供给系统由空气源(瓶装压缩空气或空气压缩机抽取洁净的环境空气)和可调节的2.5级气体流量计及输气管线组成。

5.9.1.5 小鼠运动记录系统

小鼠运动记录采用红外或磁信号监测小鼠转笼转动的情况，每只小鼠的时间－运动图谱应能定性地反映每时刻转笼的角速度。

5.9.2 试验动物要求

5.9.2.1 试验动物应是符合GB 14922.1和GB 14922.2要求的清洁级试验小鼠。

5.9.2.2 试验小鼠应从取得试验动物生产许可证的单位获得，其遗传分类应符合GB 14923的近交系或封闭群要求。

5.9.2.3 从生产单位获得的试验小鼠应做环境适应性喂养，在试验前2天，试验小鼠体重应有增加，试验时周龄应为5～8周，质量应为(21±3)g。

5.9.2.4 每个试验组试验小鼠为8只或10只。雌雄各半，随机编组。

5.9.2.5 试验小鼠饮用水应符合GB 5749的要求；饲料应符合GB 14924.3的要求；环境和设施应符

合 GB 14925 的要求。

5.9.3 试验步骤

5.9.3.1 在试验前 5 min,应将小鼠按编号称重、装笼,并安放到染毒试验箱的支架上,盖合染毒箱盖。

5.9.3.2 开启灭火剂和空气供给系统并分别调节流量,使灭火剂和空气的混合气体中灭火剂浓度达到 5.8 测试灭火浓度的 1.3 倍。

5.9.3.3 通过三通旋塞将初始 10 min 的混合气直接排放掉,然后旋转三通旋塞,让混合气进入染毒箱,试验开始。

5.9.3.4 试验进行 30 min,在此过程中观察和记录小鼠的行为变化。

5.9.3.5 30 min 试验结束,迅速打开染毒箱,取出小鼠。

5.9.4 试验现象观察

5.9.4.1 30 min 染毒期内观察小鼠运动情况:呼吸变化、昏迷、痉挛、惊跳、挣扎、不能翻身、欲跑不能等症状;小鼠眼区变化情况:闭目、流泪、肿胀、视力丧失等。记录上述现象的时间和死亡时间。

5.9.4.2 染毒刚结束及染毒后 1 h 内应观察小鼠行为的变化情况并记录。

5.9.4.3 染毒后的 3 天内,应观察小鼠各种症状的变化情况,每天记录各种现象及死亡情况。

5.9.5 毒性伤害性质的确定

5.9.5.1 实验小鼠出现下列症状和特征时,毒性判定为“麻醉”:

a) 在染毒期中,小鼠有昏迷、惊跳、痉挛、失去平衡、仰卧、欲跑不能等症状出现;
b) 小鼠运动图谱显示在染毒期中小鼠有较长时间停止运动或在某一时刻后不再运动的丧失逃离能力的特征图谱;
c) 小鼠在 30 min 染毒期或其后 1 h 内死亡。

5.9.5.2 实验小鼠出现下列症状和特征时,毒性判定为“刺激”:

a) 染毒期中小鼠寻求躲避,有明显的眼部和呼吸行为异常,口鼻黏液增多;轻度刺激表现为闭目、流泪、呼吸加快;中度和重度刺激表现为眼角膜变白、肿胀,甚至丧失视力、气紧促和咳嗽;
b) 小鼠运动图谱显示小鼠几乎一直跑动;
c) 小鼠染毒后 3 天内行动迟缓、虚弱厌食或出现死亡现象。

6 检验规则

6.1 检验类别与项目

6.1.1 出厂检验

纯度、酸度以及水分为出厂检验项目。

6.1.2 型式检验

第 4 章中表 1 规定的全部项目为型式检验项目。

有下列情况之一时,应进行产品型式检验:

a) 新产品鉴定或老产品转厂生产时;
b) 正式生产后,如原料、工艺有较大改变时;
c) 正式生产时每隔两年的定期检验;
d) 停产一年以上恢复生产时;

e） 国家质量监督机构提出进行型式检验要求时。

6.2 组、批

批：一次性投料于加工设备制得的均匀物质。

组：在相同环境条件下，用相同的原料和工艺生产的产品，包括一批或多批。

6.3 抽样

6.3.1 型式检验样品应从出厂检验合格的产品中抽取。

6.3.2 按“组”“批”抽样，都应随机抽取不小于 2 kg 样品。

6.4 检验结果判定

6.4.1 出厂检验结果判定

出厂检验项目中，纯度、酸度以及水分任一项不合格，则判定出厂检验不合格。

6.4.2 型式检验结果判定

型式检验结果符合下列条件之一者，即判定该批产品合格，否则判该批产品不合格：

a） 各项指标均符合第 4 章的要求；

b） 只有一项 B 类不合格，其他项目均符合第 4 章的相应要求。

7 标志、包装、运输和贮存

7.1 本产品应采用钢瓶包装，钢瓶外表面应清晰、牢固地标明“六氟丙烷（HFC236fa）灭火剂”字样，每瓶产品都应附有产品合格证。合格证应标明产品名称、净重、批号、标准编号、生产日期、厂名等。

7.2 六氟丙烷（HFC236fa）灭火剂钢瓶的充装，按国家质量技术监督局[2000]250 号文件《气瓶安全监察规程》中第七章“充装”的有关规定执行。最大充装比为 1.235 kg/L。

7.3 盛装六氟丙烷（HFC236fa）灭火剂的钢瓶在运输过程中应轻装轻卸，不应抛、滚、滑、碰。

7.4 盛装六氟丙烷（HFC236fa）灭火剂的钢瓶应贮存于阴凉干燥的地方，不得靠近热源，严禁雨淋日晒和接触腐蚀性物质等。

7.5 空瓶或实瓶放置应整齐，佩戴好钢瓶帽。立放时，要妥善固定；横放时，头部朝一个方向，垛高不宜超过 5 层。

附 录 A
（资料性附录）
六氟丙烷两种同分异构体的色谱图例

六氟丙烷有两种同分异构体，一是本标准所涉及的 1,1,1,3,3,3-hexafluoropropane（HFC236fa），另一种是毒性较强的 1,1,2,3,3,3-hexafluoropropane（HFC236ea）。

本标准规定的纯度测定方法是通过大量试验确定的。按 5.3 规定的方法进行分析得到的色谱图如图 A.1，其中停留时间 2.281 min 的色谱峰为 1,1,1,3,3,3-hexafluoropropane（HFC236fa），停留时间 2.632 min的色谱峰为 1,1,2,3,3,3-hexafluoropropane（HFC236ea）。

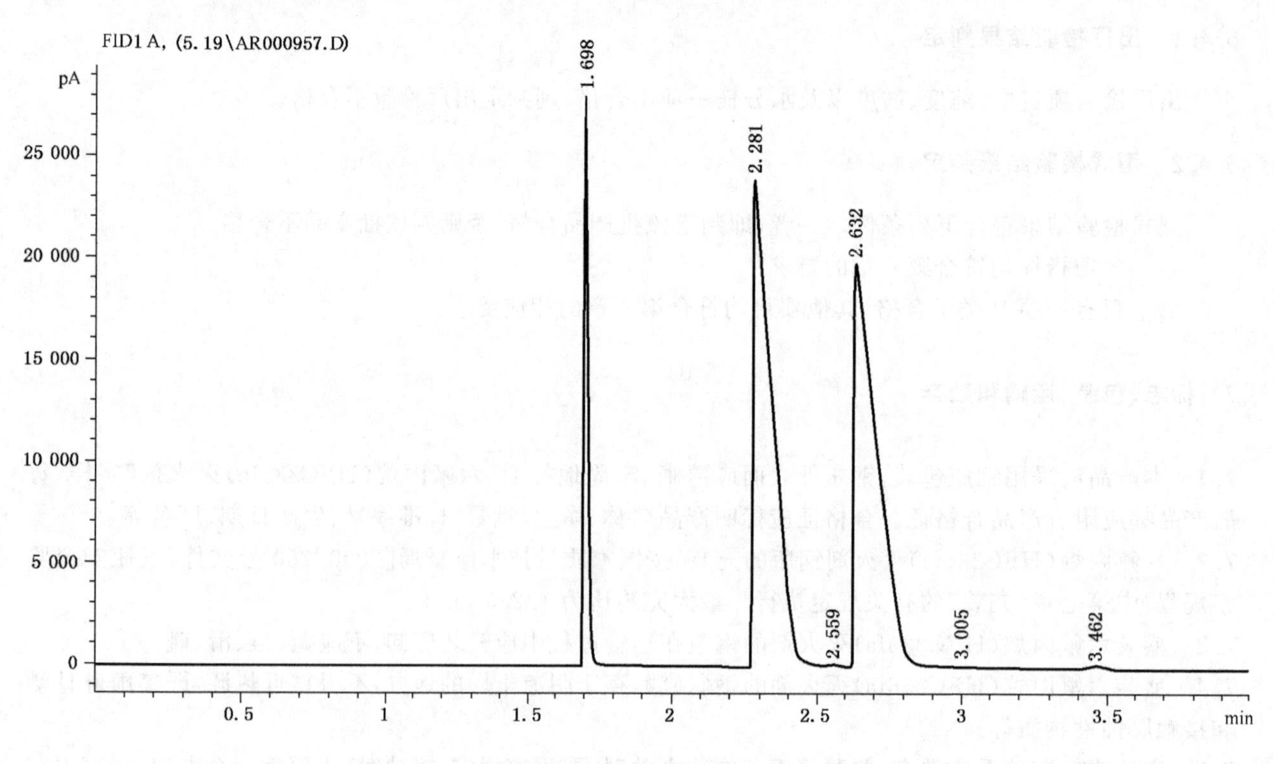

图 A.1 六氟丙烷两种同分异构体色谱图例

ICS 13.220.10
C 84

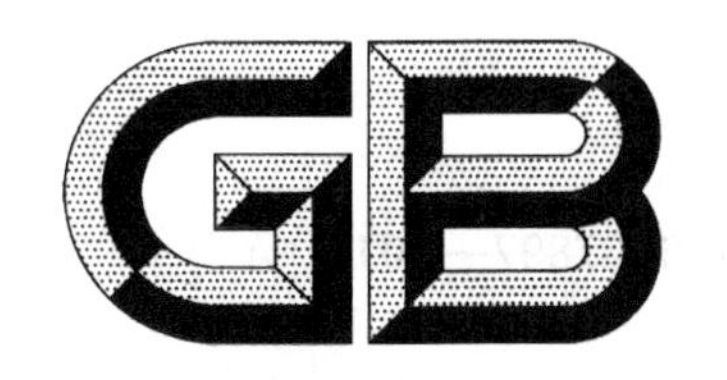

中华人民共和国国家标准

GB 27897—2011

A类泡沫灭火剂

Class A foam extinguishing agent

2011-12-30 发布　　2012-03-01 实施

中华人民共和国国家质量监督检验检疫总局
中国国家标准化管理委员会 发布

前　言

本标准的第5章和第7章为强制性的，其余为推荐性的。

本标准按照GB/T 1.1—2009给出的规则起草。

本标准由中华人民共和国公安部提出。

本标准由全国消防标准化技术委员会灭火剂分技术委员会(SAC/TC 113/SC 3)归口。

本标准负责起草单位：公安部天津消防研究所。

本标准参加起草单位：昆山宁华消防系统有限公司、厦门一泰消防科技开发有限公司、兴化锁龙消防药剂有限公司、扬州江亚消防药剂有限公司。

本标准主要起草人：傅学成、包志明、陈涛、刘慧敏、张国璧、郑建兵、李江东、薛岗、马天元、童祥友。

A 类泡沫灭火剂

1 范围

本标准规定了 A 类泡沫灭火剂的术语和定义、产品分类、要求、试验方法、检验规则、标志、包装、运输和储存等。

本标准适用于 A 类泡沫灭火剂。

2 规范性引用文件

下列文件对于本文件的应用是必不可少的。凡是注日期的引用文件，仅注日期的版本适用于本文件。凡是不注日期的引用文件，其最新版本(包括所有的修改单)适用于本文件。

GB/T 2909—1994 橡胶工业用棉帆布

GB 4351.1—2005 手提式灭火器 第 1 部分：性能和结构要求

GB/T 6003.1—1997 金属丝编织网试验筛

GB/T 6682—2008 分析实验室用水规格和试验方法

GB/T 11983—2008 表面活性剂 润湿力的测定 浸没法

GB 15308—2006 泡沫灭火剂

SH 0004 橡胶工业用溶剂油

3 术语和定义

GB 15308 界定的以及下列术语和定义适用于本文件。为了便于使用，以下重复列出了 GB 15308 中的某些术语和定义。

3.1

A 类泡沫灭火剂 class A foam extinguishing agent

主要适用于扑救 A 类火灾的泡沫灭火剂。

3.2

特征值 characteristic values

由 A 类泡沫灭火剂供应商提出的泡沫液及泡沫溶液的物理、化学性能参数值。

3.3

泡沫液 foam concentrate

可按适宜的浓度与水混合形成泡沫溶液的浓缩液体，又称为泡沫浓缩液。

[GB 15308—2006，定义 3.9]

3.4

泡沫溶液 foam solution

由泡沫液与水按规定浓度配制成的溶液，又称为泡沫混合液。

[GB 15308—2006，定义 3.10]

3.5

25%析液时间 25% drainage time

自泡沫中析出其质量 25%的液体所需要的时间。

[GB 15308—2006,定义 3.2]

3.6

发泡倍数 expansion

泡沫体积与构成该泡沫的泡沫溶液体积的比值。

[GB 15308—2006,定义 3.4]

3.7

混合比 mixture ratio

泡沫液与水混合配制泡沫溶液时,所用泡沫液占泡沫溶液的体积百分数。

3.8

强施放 forceful application

将泡沫直接施放到液体燃料表面上的供泡方式。

[GB 15308—2006,定义 3.17]

3.9

缓施放 gentle application

通过挡板、罐壁或其他表面间接地将泡沫施放到液体燃料表面上的供泡方式。

[GB 15308—2006,定义 3.18]

3.10

25%抗烧时间 25% burnback time

自点燃抗烧罐至油盘 25%的燃料面积被引燃时所需的时间。

3.11

最低使用温度 lowest useful temperature

高于凝固点 5 ℃的温度。

[GB 15308—2006,定义 3.22]

3.12

压缩空气泡沫系统 compressed air foam systems

能在一定压力范围内压入适量的空气至泡沫溶液中,以形成各种发泡倍数和不同状态泡沫的泡沫产生系统。

4 产品分类

A 类泡沫灭火剂按产品性能分为以下两类:

a) 适用于扑救 A 类火灾及隔热防护的 A 类泡沫灭火剂,代号为 MJAP。

b) 适用于扑救 A 类火灾、非水溶性液体燃料火灾及隔热防护的 A 类泡沫灭火剂,代号为 MJABP。

5 要求

5.1 一般要求

5.1.1 A 类泡沫灭火剂的泡沫液组分在生产和应用过程中,应对环境无污染,对生物无明显毒性。

5.1.2 供应商应对其提供的 A 类泡沫灭火剂产品性能声明以下内容:

a) 产品类型:MJAP 型或 MJABP 型;

b) 是否受冻结、融化影响;

c) 是否为温度敏感性泡沫液;

d) 适用水质:适用于淡水,或者淡水和海水均适用;

e) 凝固点特征值:代号 T_N(℃);

f) 用于灭A类火的特征值:

  1) 混合比特征值:代号 H_A;

  2) 25%析液时间特征值:代号 t_A(min);

  3) 发泡倍数特征值:代号 F_A;

g) 用于隔热防护时的混合比特征值:代号 H_G;

h) 用于灭非水溶性液体火的特征值(适用时):

  1) 混合比特征值:代号 H_B;

  2) 25%析液时间特征值:代号 t_B(min);

  3) 发泡倍数特征值:代号 F_B。

对以上内容的解释性说明参见附录A。

5.2 技术要求

5.2.1 A类泡沫灭火剂泡沫液的性能应符合表1的要求。

表1 A类泡沫灭火剂泡沫液的性能要求

项目	样品状态	要求	不合格类型
凝固点 ℃	温度处理前	$(T_N-4)\leqslant$凝固点$\leqslant T_N$	C
抗冻结、融化性[a]	温度处理前、后	无可见分层和非均相	B
比流动性	温度处理前、后	泡沫液流量不小于标准参比液的流量或泡沫液的黏度值不大于标准参比液的黏度值	C
pH	温度处理前、后	6.0~9.5	C
腐蚀率 mg/(d·dm^2)	温度处理前	Q235A钢片≤15.0 3A21铝片≤15.0	B

[a] 对供应商声明不受抗冻结、融化影响的A类泡沫灭火剂,应进行此项检验。

5.2.2 A类泡沫灭火剂泡沫溶液的性能应符合表2的要求。

表2 A类泡沫灭火剂泡沫溶液的性能要求

项目	样品状态	要求	不合格类型
表面张力 mN/m	温度处理前	在混合比为1.0%的条件下,表面张力≤30.0	C
润湿性[a]	温度处理前	在混合比为1.0%的条件下,润湿时间≤20.0 s	A
25%析液时间	温度处理前、后	在混合比为 H_A、发泡倍数与特征值 F_A 偏差不大于20%的条件下,25%析液时间与特征值 t_A 偏差不应大于30%	B
隔热防护性能	温度处理前或后	在混合比为 H_G 的条件下,25%析液时间≥20.0 min,且发泡倍数≥30.0倍	A

表 2（续）

项目	样品状态	要求	不合格类型
灭 A 类火性能	温度处理前或后	在混合比为 H_A、发泡倍数与特征值 F_A 偏差不大于 20% 的条件下，灭火时间≤90.0 s，且抗复燃时间≥10.0 min	A
[a] 应测量混合比为 0.3% 和 0.6% 时的润湿时间，并在产品标志上注明，但不作为产品合格与否的判据。			

5.2.3 MJABP 型 A 类泡沫灭火剂的性能，除应符合表 1 和表 2 要求外，还应符合表 3 的要求。

表 3 MJABP 型 A 类泡沫灭火剂的附加性能要求

项目	样品状态	要求	不合格类型
25% 析液时间	温度处理前、后	在混合比为 H_B、发泡倍数与特征值 F_B 偏差不大于 20% 的条件下，25% 析液时间与特征值 t_B 偏差不应大于 30%	B
灭非水溶性液体火性能	温度处理前或后	在混合比为 H_B、发泡倍数与特征值 F_B 偏差不大于 20% 的条件下，灭火性能级别≥ⅢD(表 4)	A

5.2.4 MJABP 型 A 类泡沫灭火剂灭非水溶性液体火的灭火性能级别划分见表 4。

表 4 MJABP 型 A 类泡沫灭火剂灭非水溶性液体火的灭火性能级别划分

灭火性能级别	缓施放		强施放	
	灭火时间 min	25% 抗烧时间 min	灭火时间 min	25% 抗烧时间 min
ⅠA	无要求	无要求	≤3	≥10
ⅠB	≤5	≥15	≤3	
ⅠC	≤5	≥10	≤3	无要求
ⅠD	≤5	≥5	≤3	
ⅡA	无要求	无要求	≤4	≥10
ⅡB	≤5	B	≤4	
ⅡC	≤5	C	≤4	无要求
ⅡD	≤5	D	≤4	
ⅢB	≤5	≥15		
ⅢC	≤5	≥10	无要求	
ⅢD	≤5	≥5		

5.2.5 按表 5 规定的判定条件，当 A 类泡沫灭火剂出现表 5 所列情况之一时，即判定为温度敏感性泡沫液。

表 5 A 类泡沫灭火剂温度敏感性判定条件

项目	判定条件
pH	温度处理前、后泡沫液的 pH 偏差(绝对值)大于 0.5
25% 析液时间	在混合比为 H_A、发泡倍数与特征值 F_A 偏差不大于 20% 的条件下，温度处理后的 25% 析液时间低于温度处理前的 0.7 倍或高于温度处理前的 1.3 倍

6 试验方法

6.1 取样和温度处理

6.1.1 取样

从A类泡沫灭火剂的产品包装容器中取样时，应搅拌均匀，以确保样品具有代表性。

用于按6.1.2进行温度处理的样品数量不应少于5 kg，样品应充满储存容器并密封。

6.1.2 温度处理

温度处理方法如下：

a) 如果供应商声明其产品不受冻结融化影响，则样品应先按6.3的规定进行四个冻结、融化循环，然后再按b)进行处理；

b) 将密封于容器中的样品放置在60 ℃±2 ℃的环境中7 d，然后在20 ℃±5 ℃的环境中放置1 d；

c) 如果供应商声明其产品受冻结融化影响，则样品只按b)进行温度处理。

6.2 凝固点

6.2.1 试验设备

凝固点试验设备如下：

——磨口凝点测定管；

——半导体凝点测定器：控温精度±1 ℃；

——凝固点用温度计：分度值1 ℃。

6.2.2 试验步骤

凝固点测试步骤如下：

a) 启动半导体凝点测定器，使冷阱的温度稳定在－25 ℃～－30 ℃。把凝点测定管的外管装入冷阱中。外管浸入冷阱的深度不应少于100 mm；

b) 在干燥、洁净的凝点测定管的内管中注入待测泡沫液样品，管内液面高度约为50 mm；

c) 用软木塞或胶塞把凝固点用温度计固定在内管中央，温度计的毛细管下端应浸入液面3 mm～5 mm；

d) 把凝点测定管内管装入外管中；

e) 当内管中样品的温度降至0 ℃时开始观察样品的流动情况，以后每降低1 ℃观察一次。每次观察的方法是把内管从外管中取出并立即将其倾斜，如样品尚有流动则立即放回外管中（每次操作时间不应超过3 s），继续降温做下一次观察。当样品温度降至某一温度，取出内管，观察到样品不流动时，立即使内管处于水平方向，如样品在5 s内仍无任何流动，则记录温度。此温度即为样品的凝固点；

f) 每个样品做两次试验，两次试验结果的差值不应超过1 ℃，取较高的值作为试验结果。如两次试验结果的差值超过1 ℃，则应进行第三次试验。

6.3 抗冻结、融化性

6.3.1 试验设备

抗冻结、融化性试验用冷冻室，应能达到6.3.2b)的温度要求。

6.3.2 试验步骤

抗冻结、融化性测试步骤如下：

a） 将冷冻室温度调到低于样品凝固点 10 ℃±1 ℃（见 6.2）；

b） 将温度处理前的样品装入塑料或玻璃容器，密封放入冷冻室，在 a）规定的温度下保持 24 h，冷冻结束后，取出样品，在 20 ℃±5 ℃的室温下放置 24 h～96 h。再重复三次，进行四个冻结融化周期处理；

c） 观察样品有无分层和非均相现象。

6.4 比流动性

按 GB 15308—2006 中 5.4 规定进行。

6.5 pH 值

按 GB 15308—2006 中 5.5 规定进行。

6.6 腐蚀率

按 GB 15308—2006 中 5.7 规定进行。

6.7 表面张力

按 GB 15308—2006 中 5.6 规定进行。

6.8 润湿性

6.8.1 试验设备、材料

润湿测试所需主要设备、材料如下：

——烧杯：容量 1 000 mL；

——温度计：分度值 1 ℃；

——秒表：分度值 0.1 s；

——量筒：分度值 10 mL；

——浸没夹：由直径约 2 mm 的不锈钢丝制成，符合 GB/T 11983—2008 规定，尺寸见图 1；

——棉布圆片：直径 30 mm，符合 GB/T 2909—1994 规定的 202 号帆布，且应为未经退浆、煮练和漂白处理的原胚布。为了不使棉布表面沾污脂肪和汗渍而影响测量，应避免用手指触摸棉布。

6.8.2 试验温度条件

润湿性测试的温度条件如下：

——环境温度：15 ℃～25 ℃；

——泡沫溶液温度：18 ℃～22 ℃。

6.8.3 试验步骤

润湿性测试步骤如下：

a） 在温度 15 ℃～25 ℃、相对湿度（65±2）%的条件下调理棉布圆片不小于 24 h；

示例：可在玻璃干燥器隔板下盛放亚硝酸钠饱和溶液作为恒湿器，制备好的棉布圆片置于恒湿器中，于室温下平衡 24 h 后使用。

b） 试验前将烧杯用铬酸洗液浸泡过夜，再用符合 GB/T 6682—2008 要求的三级水冲洗至中性；

c) 将温度处理前、后的样品按混合比分别为0.3%、0.6%和1.0%的要求，用三级水配制泡沫溶液1 000 mL，控制泡沫溶液的温度在18 ℃～22 ℃范围内；

d) 用量筒取800 mL待测泡沫溶液转移至1 000 mL烧杯中，并用滤纸除去烧杯内液面的泡沫。在试验过程中应保持溶液温度在18 ℃～22 ℃范围内，试验应在泡沫溶液配制15 min后至2 h内进行；

e) 试验前用无水乙醇清洗浸没夹，使其保持干净。试验时，首先用少量待测泡沫溶液冲洗浸没夹。调节浸没夹柄上平面三叉臂滑动支架的位置，使夹持的棉布圆片中心距液面约40 mm。浸没夹应仅张开约6 mm，以使棉布圆片保持近于垂直；

f) 用浸没夹夹住棉布圆片，浸入待测泡沫溶液，当布片下端一接触溶液，立即启动秒表，将同平面三叉臂放在烧杯口上，并使浸没夹张开；

g) 当布片开始自动下沉时，停止秒表。操作图解如图2所示；

h) 使用同一泡沫溶液连续重复测量，共10次，每次测量后弃去用过的棉布圆片，取10次测量值的算术平均值作为所测泡沫溶液的润湿时间测量结果。

单位为毫米

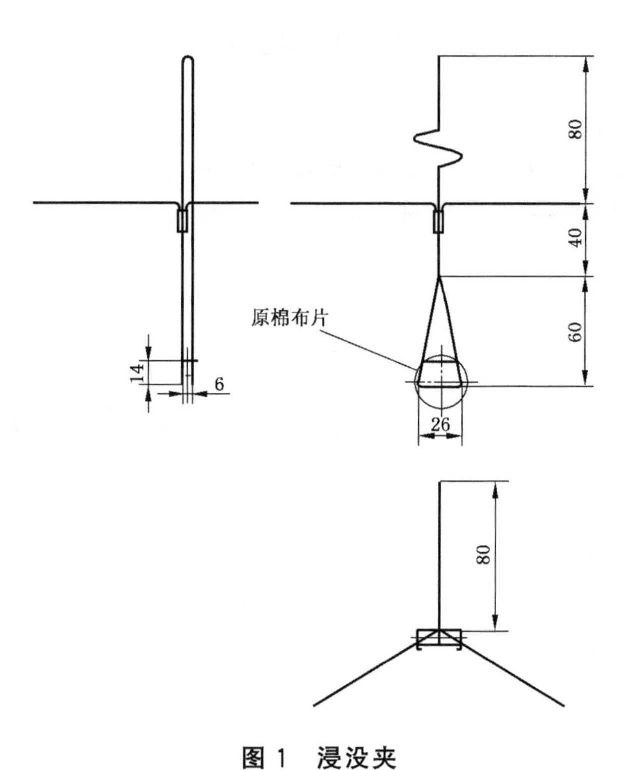

图1 浸没夹

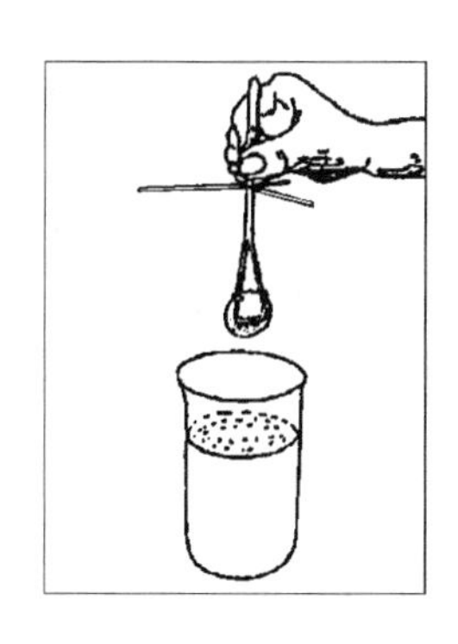
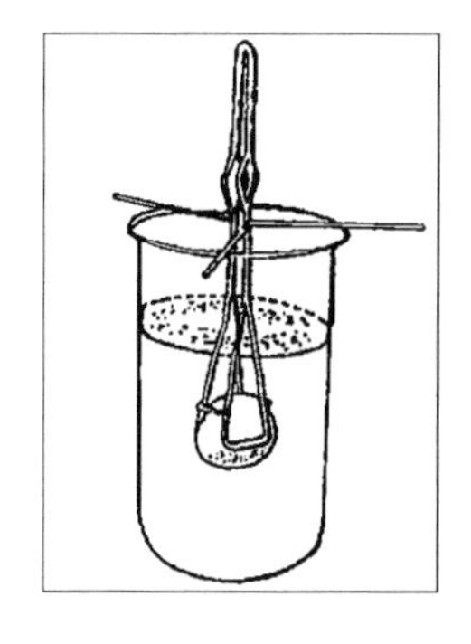

图2 操作图解

6.9 发泡倍数和25%析液时间

6.9.1 试验设备

发泡倍数和25%析液时间测试的主要设备如下：

——标准压缩空气泡沫系统：见图3，其中气液混合室的构造见图4；

——泡沫收集器：见图5，泡沫收集器表面可采用不锈钢、铝、黄铜或塑料材料制作；

——析液测定器1：见图6，采用不锈钢、铝或镀锌铁板制作，用水标定泡沫接收罐的容积，精确至50 mL，用于测定发泡倍数特征值大于20倍泡沫溶液的25%析液时间和发泡倍数；

——析液测定器2：见图7，采用塑料或黄铜制作，用水标定泡沫接收罐的容积，精确至1 mL，用于测定发泡倍数特征值不大于20倍泡沫溶液的25%析液时间和发泡倍数；

——温度计：分度值1 ℃；

——量筒：分度值10 mL；

——天平1：精度±5 g，量程不低于20 kg，用于测定发泡倍数特征值大于20倍泡沫溶液的泡沫性能试验；

——天平2：精度±0.5 g，量程不低于2 kg，用于测定发泡倍数特征值不大于20倍泡沫溶液的泡沫性能试验；

——秒表：分度值0.1 s；

——泡沫出口：见图3，长度20 cm，可采用公称直径为DN 15和DN 20的管材制作。根据调整发泡倍数的需要可分别选择DN 15和DN 20两种规格的泡沫出口。

单位为毫米

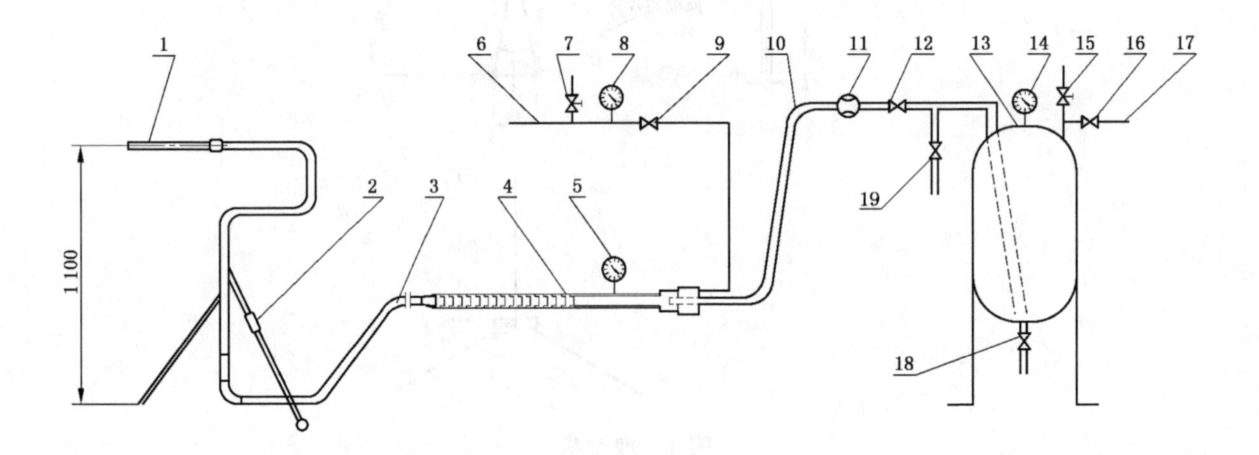

说明：

1——泡沫出口；
2——可调支架；
3——泡沫输送管；
4——气液混合室；
5、8、14——压力表(0MPa～1.6MPa)；
6——进气管；
7、15——针形阀；
9、12、16、18、19——球形阀；
10——泡沫溶液输送管；
11——液体流量计；
13——耐压储罐；
17——进气管。

图3 标准压缩空气泡沫系统安装示意图

单位为毫米

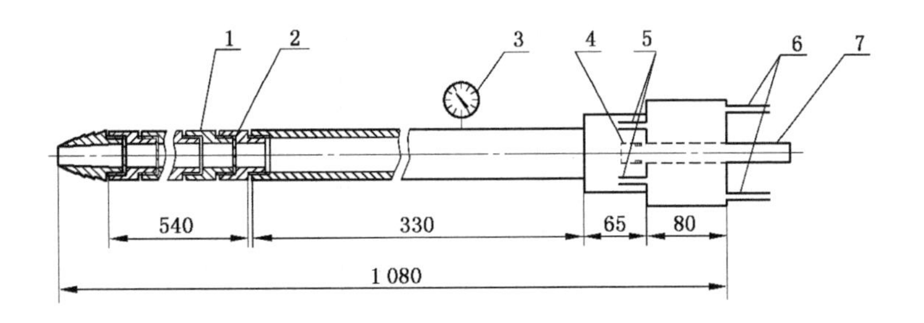

说明：

1——筛网紧固件(共 16 个)；

2——筛网(孔径为 0.425 mm，符合 GB/T 6003.1—1997 要求)；

3——压力表(0 MPa～1.6 MPa)；

4——泡沫溶液喷嘴；

5——气体喷管(共 6 个)；

6——进气管；

7——泡沫溶液输送管。

图 4　气液混合室安装示意图

单位为毫米

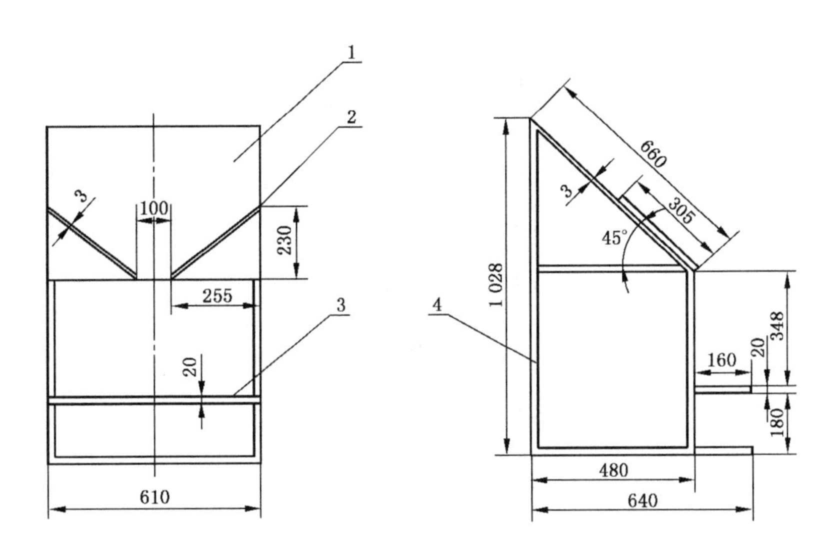

说明：

1——泡沫收集器；

2——泡沫挡板；

3——析液测定器支架；

4——支架。

图 5　泡沫收集器示意图

单位为毫米

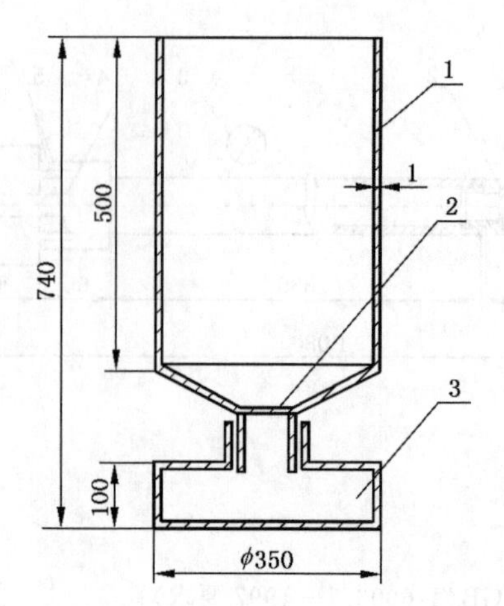

说明：

1——泡沫接收罐；

2——滤网(孔径为 0.125 mm,符合 GB/T 6003.1—1997)；

3——析液接收罐。

图 6　析液测定器 1 示意图

单位为毫米

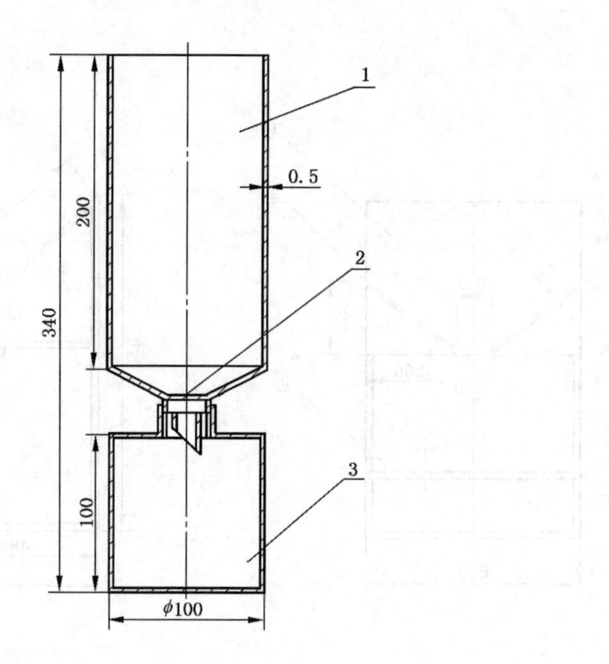

说明：

1——泡沫接收罐；

2——滤网(孔径为 0.125 mm,符合 GB/T 6003.1—1997)；

3——析液接收罐。

图 7　析液测定器 2 示意图

6.9.2　试验温度条件

发泡倍数和 25%析液时间测试的温度条件如下：

——环境温度：15 ℃～25 ℃；

——泡沫温度：15 ℃～20 ℃。

6.9.3 试验步骤

6.9.3.1 发泡倍数

发泡倍数测试步骤如下：

a) 将温度处理前、后的样品分别用淡水(若泡沫液适用于海水，则用符合6.11.4规定的人工海水配制)按相应混合比特征值配制泡沫溶液，控制泡沫溶液的温度，使产生的泡沫温度在15 ℃～20 ℃范围内；

b) 按照附录B的规定，启动压缩空气泡沫系统，调节进气管压力和耐压储罐压力，确保泡沫溶液出口流量达到(11.4±0.4)L/min；

c) 用水润湿泡沫析液测定器接收罐的内壁、擦净，再将析液测定器称重(m_1)，析液测定器1使用天平1称重，析液测定器2使用天平2称重；

d) 按以下规定收集泡沫：

  1) 若待测A类泡沫灭火剂的泡沫溶液发泡倍数特征值大于20，则在喷射泡沫并达到稳定后，直接将泡沫出口对准析液测定器1的上口，接收泡沫；

  2) 若待测A类泡沫灭火剂的泡沫溶液发泡倍数特征值不大于20，则在喷射泡沫并达到稳定后，将泡沫出口水平放置在泡沫收集器前，使泡沫出口前端至泡沫收集器顶端距离为(2.5±0.3)m，喷射泡沫并调节泡沫出口高度，使泡沫打在泡沫收集器的中心位置，喷射达到稳定后，用析液测定器2接收泡沫。

e) 刮平并擦去析液测定器外溢泡沫，称重(m_2)；

f) 按公式(1)计算：

$$F=\rho V/(m_2-m_1) \quad \cdots\cdots\cdots\cdots (1)$$

式中：

F ——发泡倍数；

ρ ——泡沫溶液的密度，单位为克每毫升(g/mL)，取ρ=1.0 g/mL；

V ——泡沫接收罐的容积，单位为毫升(mL)；

m_1——析液测定器的质量，单位为克(g)；

m_2——析液测定器充满泡沫后的质量，单位为克(g)。

g) 当按混合比特征值H_A或H_B所测定的发泡倍数F与对应发泡倍数特征值F_A或F_B的偏差不大于20%时，则固定此试验条件，继续按6.9.3.2的规定测定25%析液时间；当按混合比特征值H_A或H_B所测定的发泡倍数F与对应发泡倍数特征值F_A或F_B的偏差大于20%时，则调整标准压缩空气泡沫系统，直至该偏差不大于20%，固定此试验条件，继续按6.9.3.2的规定测定25%析液时间。

6.9.3.2 25%析液时间

25%析液时间测试步骤如下：

a) 按照6.9.3.1g)固定的试验条件，重复6.9.3.1b)～d)步骤，在收集泡沫[见6.9.3.1d)试验]的同时，启动用于记录25%析液时间的秒表；

b) 刮平并擦去析液测定器外溢泡沫，称重(m_2)，按公式(2)计算：

$$m_3=(m_2-m_1)/4 \quad \cdots\cdots\cdots\cdots (2)$$

式中：

m_3——25%析液的质量,单位为克(g)。

c) 取下析液测定器的析液接收罐,放在天平上,同时将泡沫接收罐放在支架上,注意保持析液中不含泡沫,当析出液体的质量为 m_3 时卡停秒表,记录25%析液时间。

6.10 隔热防护性能

6.10.1 试验条件

隔热防护性能试验是测试A类泡沫灭火剂在混合比为特征值 H_G 的条件下的发泡倍数和25%析液时间,试验设备见6.9.1,试验温度条件见6.9.2。

6.10.2 试验步骤

按照6.9.3.1a)~f)步骤测试发泡倍数。按照6.9.3.2b)~c)步骤测试25%析液时间。

注:测试时,注意调整标准压缩空气泡沫系统状态,使被检验A类泡沫液达到尽可能高的发泡倍数。

6.11 灭火性能

6.11.1 总则

对于温度敏感性泡沫液,应使用按6.1.2温度处理后的样品进行灭火性能试验。

对于非温度敏感性泡沫液,宜使用按6.1.2温度处理后的样品进行灭火性能试验。

6.11.2 试验序列

6.11.2.1 不适用于海水的泡沫液

使用淡水配制泡沫溶液,进行三次灭火试验,其中两次灭火成功即为灭火性能合格。如果前两次试验全部成功或失败,可免做第三次试验。

6.11.2.2 适用于海水的泡沫液

按下述试验序列进行灭火试验:

a) 首先进行两次灭火试验,第一次试验用淡水配制泡沫溶液,第二次试验用符合6.11.4规定的人工海水配制泡沫溶液,如果两次试验全部成功或失败,则终止试验,对应判定泡沫液灭火性能合格或不合格。如果只有一次试验成功,则按下述b)或c)的步骤继续试验;

b) 如果使用淡水配制泡沫溶液的灭火试验失败,则重复该试验;若第一次重复试验成功,则进行第二次重复试验;泡沫液灭火性能合格的判定条件是两次重复灭火试验都成功;

c) 如果使用海水配制泡沫溶液的灭火试验失败,则重复该试验;若第一次重复试验成功,则进行第二次重复试验;泡沫液灭火性能合格的判定条件是两次重复灭火试验都成功。

6.11.3 试验条件

进行灭火性能试验的试验条件如下:

——试验环境:灭A类火试验应在室内进行;灭非水溶性液体燃料火可在室内或室外(接近油盘处的风速不大于3 m/s)进行;

——环境温度:10 ℃~30 ℃;

——泡沫温度:15 ℃~20 ℃;

——燃料温度:10 ℃~30 ℃。

6.11.4 泡沫溶液的配制

进行灭火试验时，按供应商提供的混合比特征值，使用淡水配制泡沫溶液。若泡沫液适用于海水，还应用人工海水配制泡沫溶液。配制浓度与淡水相同。人工海水由下列组分构成(配制人工海水用的化学试剂均为化学纯)：

在 1 L 淡水中加入：25.0 g 氯化钠(NaCl)；

11.0 g 氯化镁($MgCl_2 \cdot 6H_2O$)；

1.6 g 氯化钙($CaCl_2 \cdot 2H_2O$)；

4.0 g 硫酸钠(Na_2SO_4)。

6.11.5 记录

试验过程中记录下列参数：

a) 试验环境(室内或室外)；

b) 试验环境温度；

c) 泡沫温度；

d) 试验环境风速；

e) 灭火时间；

f) 灭 A 类火时的抗复燃时间；

g) 灭非水溶性液体燃料火时的 25%抗烧时间；

h) 试验压力参数。

6.11.6 灭 A 类火试验

6.11.6.1 试验设备、材料

灭 A 类火试验所需主要设备、材料如下：

——泡沫产生系统：同 6.9.1 中标准压缩空气泡沫系统；

——木垛：规格为 2A，符合 GB 4351.1—2005 中 7.2.1 的规定；

——引燃盘：规格为 535 mm×535 mm×100 mm，符合 GB 4351.1—2005 中 7.2.1 的规定。

6.11.6.2 试验步骤

灭 A 类火试验按下述步骤进行：

a) 试验中将标准压缩空气泡沫系统中的泡沫出口和可调支架卸下，直接使用泡沫输送管喷射泡沫。按照附录 B 的规定，首先启动压缩空气泡沫系统，调节进气管压力和耐压储罐压力，确保泡沫溶液出口流量达到(11.4±0.4)L/min，并按 6.9.3.1g)确定的试验条件调整相应发泡倍数，使其与特征值 F_A 的偏差不大于 20%，同时应视泡沫喷射距离而相应调整泡沫出口管径，确保泡沫喷射距离不小于 3 m；

b) 在引燃盘内先倒入深度为 30 mm 的清水，再加入 2 L 符合 SH 0004 要求的橡胶工业用溶剂油。将引燃盘放入木垛的正下方；

c) 点燃橡胶工业用溶剂油，引燃 2 min，然后将油盘从木垛下抽出。同时启动压缩空气泡沫系统，按 a)中相关压力参数调节进气管压力和耐压储罐压力，并确保泡沫溶液出口流量达到(11.4±0.4)L/min。同时让木垛继续自由燃烧。当木垛燃烧至其质量减少到原来量的 53%～57%时，则预燃结束；

d) 预燃结束后即开始灭火。灭火应从木垛正面，距木垛不小于 1.8 m 处开始喷射。然后接近木垛(操作者和灭火设备的任何部位不应触及木垛),并向木垛正面、顶部、底部和两个侧面等喷射,但不能在木垛的背面喷射。灭火时应保证流量为(11.4±0.4)L/min。可见火焰全部熄灭后,停止施加泡沫,记录灭火时间;

e) 灭火时间不大于 90 s,且停止施加泡沫 10 min 内没有可见的火焰(但 10 min 内出现不持续的火焰可不计),即为灭 A 类火成功。如灭火试验中木垛倒坍,则此次试验为无效,应重新进行。

6.11.7 灭非水溶性液体燃料火试验

6.11.7.1 缓施放灭火试验

6.11.7.1.1 设备、材料

缓施放灭火试验所需主要设备、材料如下:

——钢质油盘:油盘面积为 4.52 m^2,内径(2 400±25)mm,深度(200±15)mm,壁厚 2.5 mm;

——钢质挡板:长(1 000±50)mm,高(1 000±50)mm;

——泡沫产生系统:同 6.9.1 中标准压缩空气泡沫系统;

——钢质抗烧罐:内径(300±5)mm,深度(250±5)mm,壁厚 2.5 mm;

——风速仪:精度 0.1 m/s;

——秒表:分度值 0.1 s;

——燃料:橡胶工业用溶剂油,符合 SH 0004 的要求。

6.11.7.1.2 试验步骤

缓施放灭火试验按下述试验步骤进行:

a) 按附录 B 的规定,启动压缩空气泡沫系统,调节进气管压力和耐压储罐压力,确保泡沫溶液出口流量达到(11.4±0.4)L/min,并按 6.9.3.1g)确定的试验条件调整相应发泡倍数,使其与特征值 F_B 的偏差不大于 20%;

b) 将油盘放在地面上并保持水平,使油盘在泡沫出口的下风向,加入 90 L 淡水将盘底全部覆盖。泡沫出口放置并高出燃料面(1±0.05)m,使泡沫射流的中心打到挡板中心轴线上并高出燃料面(0.5±0.1)m;

c) 加入(144±5)L 燃料使自由盘壁高度为 150 mm,在 5 min 内点燃油盘,同时启动压缩空气泡沫系统。预燃(60±5)s 后,开始供泡,供泡(300±2)s 后停止供泡。如果火被完全扑灭,则记录灭火时间;如果火焰仍未被扑灭,等待观察残焰是否全部熄灭并记录灭火时间。停止供泡后,等待(300±10)s,将装有(2±0.1)L 燃料的抗烧罐放在油盘中央并点燃。记录 25% 抗烧时间。

6.11.7.2 强施放灭火试验

6.11.7.2.1 设备、材料

除油盘不带钢质挡板外,其他同 6.11.7.1.1。

6.11.7.2.2 试验步骤

强施放灭火试验按下述步骤进行:

a) 按附录 B 的规定,启动压缩空气泡沫系统,调节进气管压力和耐压储罐压力,确保泡沫溶液出口流量达到(11.4±0.4)L/min,并按 6.9.3.1g)确定的试验条件调整相应发泡倍数,使其与特征值 F_B 的偏差不大于 20%;

b） 按照6.11.7.1.2方式将油盘放在泡沫出口的下风向，泡沫出口的位置应使泡沫的中心射流落在距远端盘壁(1±0.1)m处的燃料表面上；

c） 加入(144±5)L燃料使自由盘壁高度为150 mm，在5 min内点燃油盘。同时启动压缩空气泡沫系统。预燃(60±5)s后开始供泡，供泡(180±2)s后停止供泡；如果火被完全扑灭，则记录灭火时间；如果火焰仍未被扑灭，等待观察残焰是否全部熄灭并记录灭火时间。停止供泡后，等待(300±10)s，将装有(2±0.1)L燃料的抗烧罐放在油盘中央并点燃。记录25%抗烧时间。

7 检验规则

7.1 抽样

抽样应有代表性、保证样品与总体的一致性。对于桶装产品，取样之前应摇匀桶内产品；对于罐装产品，可从罐的上、中、下三个部位各取三分之一样品，混匀后做为样品。样品数量不应少于25 kg。

7.2 出厂检验

每批产品都应进行出厂检验，出厂检验项目至少应包含如下五项：凝固点、pH值、润湿性、发泡倍数、25%析液时间。

7.3 型式检验

本标准第5章中所列的相应灭火剂的全部技术指标为型式检验项目。

有下列情况之一时应进行型式检验：

a） 新产品鉴定或老产品转厂生产时；

b） 正式生产中如原材料、工艺、配方有较大的改变时；

c） 产品停产一年以上恢复生产时；

d） 正常生产两年或间歇生产累计产量达800 t时；

e） 出厂检验与上次型式检验有较大差异时；

f） 国家质量监督机构提出型式检验要求时。

7.4 检验结果判定

7.4.1 出厂检验结果判定

出厂检验项目全部合格，则该批产品合格。

7.4.2 型式检验结果判定

符合以下条件之一者，判该批产品合格，否则判该批产品不合格：

a） 各项指标均符合本标准第5章相应灭火剂的要求；

b） 只有一项B类不合格，其他项目均符合本标准第5章相应灭火剂的要求；

c） C类不合格项目不超过两项，其他项目均符合本标准第5章相应灭火剂的要求。

8 标志、包装、运输和储存

8.1 标志

A类泡沫灭火剂包装容器上应清晰、牢固的注明：

a） 名称、类型；

b） 灭A类火使用条件(混合比与发泡倍数的特征值 H_A、F_A)；

c） 隔热防护使用条件(混合比特征值 H_G)；

d） MJABP型A类泡沫灭火剂还应注明“适用于灭非水溶性液体火”、灭火性能级别及使用条件(混合比与发泡倍数的特征值 H_B、F_B)；

e） 0.3%、0.6%和1.0%混合比条件下的润湿时间；

f） 如适用于海水，注明“适用于海水”，否则注明“不适用于海水”；

g） 如不受冻结、融化影响，应注明“不受冻结、融化影响”，否则注明“禁止冻结”；

h） 可引起的有害生理作用的可能性，以及避免方法和其发生后的援救措施；

i） 储存温度、最低使用温度和有效期；

j） A类泡沫灭火剂的净重；

k） 生产批号或生产日期；

l） 依据标准编号；

m） 生产厂名称和地址。

8.2 包装

泡沫液应密封盛在塑料桶或内壁经防腐处理的铁桶中。

8.3 运输和储存

运输应避免磕碰，防止包装受损。

A类泡沫灭火剂应储存在通风、阴凉处，储存温度应低于45 ℃，高于其最低使用温度。按本标准规定的储存条件或生产厂提出的储存条件要求储存。泡沫液的储存期为3年，储存期内，产品的性能应符合本标准的要求。超过储存期的产品，每年应进行性能试验，以确定产品是否有效。

附　录　A
（资料性附录）
标准的解释性说明

A.1　概述

A类火灾是指固体物质火灾。A类泡沫灭火剂是主要适用于扑救A类火灾的泡沫灭火剂。符合本标准相应技术要求的A类泡沫灭火剂，不仅可以用于扑救A类火灾及建筑物的隔热防护，还可以用于扑救非水溶性液体火灾。本标准中所指A类泡沫灭火剂，使用在压缩空气泡沫系统中时，泡沫溶液由供应商根据不同的使用条件提出相应特征值。

A.2　本标准与相关国外、国内类似标准的异同

A.2.1　本标准与NFPA 1150—2004《用于A类火灾的泡沫灭火剂》的异同

NFPA 1150—2004《用于A类火灾的泡沫灭火剂》中规定的A类泡沫灭火剂虽然也是主要用于扑救A类火灾的泡沫灭火剂，但泡沫产生系统不仅可以为压缩空气泡沫系统，同时还可以为低倍数泡沫产生系统，或使用飞机喷洒泡沫溶液以形成泡沫，泡沫混合比一般为0.1%～1.0%。

符合NFPA 1150—2004《用于A类火灾的泡沫灭火剂》的A类泡沫灭火剂，可以用于扑救A类火灾，但不确定可以在压缩空气泡沫系统或低倍数泡沫产生系统中用于灭非水溶性液体火或用于建筑物的隔热防护，因为NFPA 1150—2004的技术条款中未制定对非水溶性液体燃料火的灭火性能指标及隔热防护性能指标。符合NFPA 1150—2004《用于A类火的泡沫灭火剂》的A类泡沫灭火剂，若用于建筑物的隔热防护及扑救非水溶性液体燃料火灾，应符合本标准中相应性能要求。

A.2.2　本标准与GB 15308—2006《泡沫灭火剂》的异同

本标准与GB 15308—2006《泡沫灭火剂》相同之处在于：泡沫液性能要求的判据部分一致。灭非水溶性液体火性能测试时所使用的流量均为(11.4±0.4)L/min，具有相同的泡沫供给强度，灭火性能级别的划分规定是完全一致的，因此二者对灭非水溶性液体火性能的判据是相同的。

本标准与GB 15308—2006《泡沫灭火剂》不同之处在于：根据A类泡沫灭火剂自身特点，在试验研究的基础上提出了润湿性能的要求以及灭A类火的性能要求和隔热防护性能要求；本标准对供应商申明适用于非水溶性液体火灾扑救的A类泡沫产品进行相应的检验，并提出相应的性能要求，同时根据试验结果在产品标志中注明灭火性能级别、使用条件(包括混合比与发泡倍数的特征值)。

A.3　A类泡沫灭火剂的使用

A.3.1　混合比

A类泡沫灭火剂泡沫液，由供应商根据自身产品的特性和不同的使用条件提出相应混合比特征值。该特征值应为供应商根据本标准相应试验方法进行泡沫性能试验和泡沫灭火性能试验的结果，得出的适宜参考数值，并应在产品标志中明确指出在不同使用条件下，相应的特征值。

A类泡沫灭火剂的特点之一就是混合比在一定范围内可以根据使用要求进行调整，分别适应于各种火灾工况条件的需要。以扑救A类火灾为例，A类泡沫灭火剂A与B，适宜的混合比分别为0.3%和0.5%，可以达到相同的灭火效果。因此说，A类泡沫灭火剂的混合比具有更大的适应性和兼容性，而不像传统低倍数泡沫灭火剂通常只限于3%和6%这两个混合比。

然而，在实际使用中也可能发生这种情况：更低或更高的混合比，其相应泡沫性能或灭火性能更好。

因为使用本标准中压缩空气泡沫系统所产生的泡沫，其性能略低于实战用压缩空气泡沫系统产生的泡沫性能，若使用“性能相对较低”的标准压缩空气泡沫系统能达到相应技术指标的要求，则可以确保在性能更好的压缩空气泡沫系统中同样能达到相应技术指标要求。因此，建议供应商根据A类泡沫灭火剂使用者的压缩空气泡沫系统设备的具体情况，进行混合比试验及相应的泡沫性能试验，以使该灭火剂在该压缩空气渔沫系统中达到更高的性能指标。

同时，根据鼓励技术发展的原则，不宜对混合比做出上、下限数值规定。本标准相应技术指标条款充分考虑目前最新技术水平，并为未来技术发展提供合理框架，鼓励生产厂根据自身产品特点和条件，在确保符合本标准相应技术要求的前提下，通过技术革新以改变混合比，达到改进技术并提高性能的目的。

A.3.2 发泡倍数

A类泡沫灭火剂的发泡倍数特征值由供应商根据自身产品的特性和不同的使用条件提出。该特征值应为供应商根据本标准相应试验方法进行泡沫性能试验和泡沫灭火性能试验的结果，确定的适宜参考数值，并应在产品标志中明确标出。同混合比特征值一样，建议供应商根据压缩空气泡沫系统设备的具体情况，进行混合比试验及相应的泡沫性能试验，以使该灭火剂在压缩空气泡沫系统中达到更高的性能指标。

A.3.3 25%析液时间与A类泡沫隔热防护性能

25%析液时间是衡量泡沫稳定性的一个重要指标，主要取决于A类泡沫灭火剂本身，25%析液时间越长，泡沫越稳定。25%析液时间是影响A类泡沫隔热防护性能的主要因素，这体现在25%析液时间影响隔热防护泡沫对于被保护对象的黏附作用。进一步的，25%析液时间还影响泡沫起隔热防护作用的时间和效果。即25%析液时间长的隔热防护泡沫，其泡沫黏附能力强，隔热防护时间长、效果好。

A.3.4 润湿性

润湿是由固-气界面转变为固-液界面的一种现象。泡沫溶液的润湿性代表泡沫溶液对固体燃烧物的浸润能力。与表面张力试验相比，润湿性试验更灵敏，可以更好地区分出不同泡沫溶液的润湿能力，如表面张力一致或者接近的产品之间润湿能力的区分。

A.3.5 稳定性

稳定性要求的目的是确保泡沫液有一个有效的储存期限。然而，由于不可能测试所有潜在的储存情况，因此仍可能出现稳定性问题。

泡沫液应贮存在密封的容器中以避免溶剂蒸发，这对泡沫液稳定性很有必要。不稳定的产品可能导致比例混合器和泡沫混合、分散装置出现故障。

泡沫溶液在使用之前不应贮存时间过长。稀释的泡沫溶液可能分解，导致其发泡能力降低。

A.4 安全与环境问题

当评估A类泡沫灭火剂的安全与环境问题时，需要进行多方面测试，本标准并没有包含相应的测试。处置、使用A类泡沫灭火剂的全体人员都应接受关于安全、健康及环境的推荐操作程序的培训，并应遵照供应商关于该产品的使用建议。一般而言，应避免与该类泡沫灭火剂长期接触。皮肤或眼睛不慎接触了泡沫液或泡沫溶液后应该立即冲洗。

附　录　B
（规范性附录）
标准压缩空气泡沫系统操作方法

B.1　概述

本附录提供了标准压缩空气泡沫系统的操作方法。当进行泡沫性能和灭火性能测试时，应使用本标准规定的标准压缩空气泡沫系统，按照本附录规定的操作方法。

B.2　试验设备与操作方法

B.2.1　仪器、设备

仪器、设备包括：

——标准压缩空气泡沫系统：安装、连接见图3；

——空气压缩机1：与图3中进气管6连接；

——空气压缩机2：与图3中进气管17连接。

B.2.2　操作步骤

B.2.2.1　按试验要求混合比，配制泡沫溶液，并将其注入耐压储罐13。将阀门7、9、12、15、18、19关闭，阀门16保持开启状态。

B.2.2.2　启动空气压缩机1和空气压缩机2，观察压力表8和压力表14的升压情况。开启阀门7，通过阀门7调整进气管压力，使压力稳定在试验要求的范围内。开启阀门15，通过阀门15调整耐压储罐压力，使压力稳定在试验要求的范围内。

B.2.2.3　开启阀门12，随即开启阀门9，此时压缩空气泡沫从泡沫输送管中喷出。调节阀门7，使进气管压力稳定在试验要求的范围内。继续调节阀门15，确保液体流量在(11.4±0.4)L/min范围内(液体实时流量通过液体流量计11显示)。待泡沫喷射稳定，并且液体流量稳定在试验要求的范围内时，即可进行泡沫性能和灭火性能测试。

B.2.2.4　性能测试完毕后，关闭空气压缩机1和空气压缩机2，并关闭阀门7、9、12、15。剩余泡沫溶液经由阀门18从耐压储罐中排出，同时将耐压储罐泄压。

B.2.2.5　全部试验完毕后，使用清水冲洗标准压缩空气泡沫系统的管路及耐压储罐两遍，操作方法同上。

ICS 13.220.10
C 84

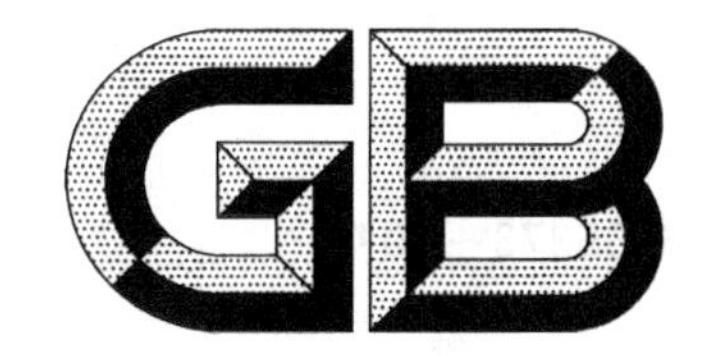

中华人民共和国国家标准

GB 35373—2017

氢氟烃类灭火剂

HFC fire extinguishing agents

2017-12-29 发布 2018-07-01 实施

中华人民共和国国家质量监督检验检疫总局
中国国家标准化管理委员会 发布

前　言

本标准的第4章、第6章和7.1～7.3为强制性的，其余为推荐性的。

本标准按照GB/T 1.1—2009给出的规则起草。

本标准由中华人民共和国公安部提出并归口。

本标准负责起草单位：公安部天津消防研究所。

本标准参加起草单位：浙江省化工研究院有限公司、四川齐盛消防设备制造有限公司。

本标准主要起草人：李姝、马建明、庄爽、刘玉恒、刘慧敏、包志明、张彬、王帅、陈培瑶、史婉君、张毅。

氢氟烃类灭火剂

1 范围

本标准规定了氢氟烃类灭火剂的术语和定义、缩略语、通用要求、试验方法、检验规则、包装、标志、充装、运输和贮存。

本标准适用于氢氟烃类灭火剂。

2 规范性引用文件

下列文件对于本文件的应用是必不可少的。凡是注日期的引用文件，仅注日期的版本适用于本文件。凡是不注日期的引用文件，其最新版本(包括所有的修改单)适用于本文件。

GB/T 191—2008 包装储运图示标志
GB/T 601 化学试剂 标准滴定溶液的制备
GB/T 603 化学试剂 试验方法中所用制剂及制品的制备
GB/T 3864 工业氮
GB 5749 生活饮用水卫生标准
GB/T 5907.1 消防词汇 第1部分:通用术语
GB/T 6682—2008 分析实验室用水规格和试验方法
GB/T 7376 工业用氟代烷烃中微量水分的测定
GB/T 9722—2006 化学试剂 气相色谱法通则
GB 14193 液化气体气瓶充装规定
GB 14922.1 实验动物 寄生虫学等级及监测
GB 14922.2 实验动物 微生物学等级及监测
GB 14923 实验动物 哺乳类实验动物的遗传质量控制
GB 14924.3 实验动物 配合饲料营养成分
GB 14925 实验动物 环境及设施
GB 18614—2012 七氟丙烷(HFC227ea)灭火剂
GB/T 20285—2006 材料产烟毒性危险分级
XF 578—2005 超细干粉灭火剂
道路危险货物运输管理规定(交通部)

3 术语和定义、缩略语

3.1 术语和定义

GB/T 5907.1 界定的以及下列术语和定义适用于本文件。

3.1.1

氢氟烃类灭火剂 HFC fire extinguishing agent

只含有氢原子、氟原子的烃类灭火剂。以 HFCxyz 或 HFCxyzfa 或 HFCxyzea 表示。

注：HFC 表示氢氟烃；x 表示碳原子个数减 1；y 表示氢原子个数加 1；z 表示氟原子个数；f 表示中间碳原子的取代

基形式为—CH—；e 表示中间碳原子的取代基形式为—CHF—；a 表示两端碳原子的取代原子量之和的差为最小即最对称。

3.2 缩略语

下列缩略语适用于本文件。

LOAEL：可观察到的生理学及毒性学副作用的最低浓度

NOAEL：观察不到的生理学及毒性学副作用的最高浓度

TANK：钢质卧式灭火剂储罐

4 通用要求

4.1 一般要求

4.1.1 氢氟烃类灭火剂的性能应符合本标准。

4.1.2 氢氟烃类灭火剂生产企业应公布下列内容：

a） 主要组分名称及产品中该组分的同分异构体名称及含量；

b） 产品的 LOAEL 值和 NOAEL 值；

c） 产品的灭火浓度，灭火浓度不应大于 7%。

4.2 技术要求

4.2.1 理化性能

氢氟烃类灭火剂理化性能应符合表 1 的规定。

表 1 氢氟烃类灭火剂理化性能

<table>
<tr><th colspan="2">项目</th><th>技术指标</th></tr>
<tr><td colspan="2">纯度
%</td><td>≥99.6</td></tr>
<tr><td colspan="2">酸度
mg/kg</td><td>≤3</td></tr>
<tr><td colspan="2">水分
mg/kg</td><td>≤10</td></tr>
<tr><td colspan="2">蒸发残留物
%</td><td>≤0.01</td></tr>
<tr><td colspan="2">悬浮物或沉淀物</td><td>无混浊或沉淀物</td></tr>
<tr><td rowspan="2">毒性</td><td>麻醉性</td><td>无麻醉症状和特征</td></tr>
<tr><td>刺激性</td><td>无刺激症状和特征</td></tr>
</table>

4.2.2 灭火性能

氢氟烃类灭火剂释放结束后 30 s 内火焰全部熄灭，且燃料盘、燃料罐内有剩余燃料。

5 试验方法

警示——试验方法规定的一些试验过程可能导致危险情况，操作者应采取适当的安全和健康防护措施。

5.1 一般规定

本标准所用试剂和水在没有注明其他要求时，均指分析纯试剂和 GB/T 6682—2008 中规定的三级水。

试验中所用标准溶液，在没有注明其他要求时，均按 GB/T 601、GB/T 603 的规定制备。

5.2 取样

5.2.1 取样钢瓶的处理方法

取样钢瓶在第一次使用前，需用水和适当的溶剂（如乙醇或丙酮）洗涤。洗净后，在 105 ℃～110 ℃ 电热鼓风干燥箱内烘 3 h～4 h，趁热将钢瓶抽真空至绝对压力不高于 1.3 kPa，并在此压力下保持 1 h～2 h，然后关闭钢瓶阀门以备取样。

在以后的每次取样前，应把钢瓶中残留的氢氟烃类灭火剂样品放空，仍然在 1.3 kPa 条件下抽真空 1 h，再灌入少量的准备要取的氢氟烃类灭火剂，继续在 1.3 kPa 条件下抽真空 1 h 以保持取样钢瓶的清洁和干燥。

5.2.2 取样方法

用一根干燥的不锈钢细管连接在氢氟烃类灭火剂钢瓶的出口阀上，不锈钢细管要尽可能短，稍稍开启钢瓶阀门，放出氢氟烃类灭火剂，冲洗阀门及连接管 1 min，然后将连接管的末端迅速与取样钢瓶阀门紧密连接。把取样钢瓶放在天平上（必要时，取样钢瓶可浸在冰盐浴中），将氢氟烃类灭火剂钢瓶的出口阀门打开，打开取样钢瓶阀门，使氢氟烃类灭火剂灌入其中。从天平指示出的重量变化来确定灌入样品的重量。取样结束后，先关闭取样钢瓶阀门，然后再关闭灌装氢氟烃类灭火剂的钢瓶阀门，拆除连接管。

5.3 纯度

5.3.1 设备

气相色谱仪：配有火焰离子化检测器（FID），符合 GB/T 9722—2006 中 6.3 规定的色谱条件下，以苯为试样，整机灵敏度以检出限 D 计，要求检出限 $D \leqslant 5\times10^{-10}$ g/s。

5.3.2 试验条件

推荐的色谱试验条件见表 2，其他能达到同等分离程度的色谱柱和色谱操作条件均可使用。

表 2　色谱试验条件

项目	条件	项目	条件
毛细管柱	30 m×320 μm 键合硅胶基多孔层开管柱	柱温 ℃	初始温度 30 ℃，保持 4 min，以 10 ℃/min 的速度从 30 ℃升温到 200 ℃，保持 10 min
柱流量 mL/min	2.0	检测器温度 ℃	300
进样口	分流/不分流进样口， 分流比 40∶1	进样量 mL	1.0

表2（续）

项目	条件	项目	条件
进样口温度 ℃	200	补偿气体（氮气，≥99.995%）流量 mL/min	45
氢气（≥99.995%）流量 mL/min	40	空气（经硅胶或分子筛干燥、净化）流量 mL/min	450

5.3.3 试验步骤

5.3.3.1 启动气相色谱仪，调节仪器，使仪器的条件稳定并符合要求。

5.3.3.2 将氢氟烃类灭火剂取样钢瓶接上取样管，放倒钢瓶，打开钢瓶阀门，排气 1 s～3 s，取液相汽化样进样分析。

5.3.3.3 采用面积归一化计算方法，计算氢氟烃类灭火剂的纯度。

5.3.4 结果

取三次平行测定结果的算术平均值为测定结果，各次测定的绝对偏差应不大于 0.05%。

5.4 酸度

5.4.1 原理

使试样汽化、鼓泡进入实验室三级水中，吸收酸性物质，以溴甲酚绿为指示液，用氢氧化钠标准滴定溶液滴定，计算得出酸度（以 HCl 计）。

5.4.2 试剂、仪器

试验用试剂、仪器要求如下：

a） 氢氧化钠标准滴定溶液：浓度为 0.01 mol/L；

b） 溴甲酚绿指示液：浓度为 1 g/L；

c） 电子天平：感量 1 g；

d） 微量滴定管：最小分度值 0.01 mL；

e） 多孔式气体洗瓶：容积 250 mL；

f） 锥形瓶：容积 250 mL。

5.4.3 试验步骤

5.4.3.1 在三个多孔式气体洗瓶中分别加入 100 mL 实验室三级水，在第三个多孔式气体洗瓶中加入溴甲酚绿指示液 2 滴～3 滴，用导管串联。

5.4.3.2 擦干取样钢瓶及阀门，称量，准确至 1 g，将取样钢瓶阀门出口与第一个多孔式气体洗瓶连接，慢慢打开钢瓶阀门使液态样品汽化后通过三个多孔式气体洗瓶，大约通入 100 g 试样后关闭钢瓶阀门，取下取样钢瓶，擦干，称量，准确至 1 g。

5.4.3.3 若第三个多孔式气体洗瓶中指示液未变色，继续下述步骤，否则重新进行试验。

5.4.3.4 将第一个和第二个多孔式气体洗瓶的水合并，移入锥形瓶，加入溴甲酚绿指示液 2 滴～3 滴，用氢氧化钠标准溶液滴定至终点。

5.4.4 结果

酸度按式(1)计算：

$$X = [C_{NaOH} \times V \times 0.0365/(m_1 - m_2)] \times 10^6 \quad \cdots\cdots(1)$$

式中：

X ——氢氟烃类灭火剂的酸度(以 HCl 计)，单位为毫克每千克(mg/kg)；

V ——耗用氢氧化钠标准滴定溶液的体积，单位为毫升(mL)；

C_{NaOH}——氢氧化钠标准滴定溶液的实际浓度，单位为摩尔每升(mol/L)；

m_1 ——试样吸收前取样钢瓶的质量，单位为克(g)；

m_2 ——试样吸收后取样钢瓶的质量，单位为克(g)。

取两次平行测定结果的算术平均值为测定结果，两次平行测定结果的绝对差值不大于这两个测定值的算术平均值的 30%。

5.5 水分

水分的测定按 GB/T 7376 的规定进行。

5.6 蒸发残留物

5.6.1 原理

使样品蒸发，称取高沸点残留物的质量，计算得出蒸发残留物含量。

5.6.2 试剂、仪器

试验用试剂、仪器要求如下：

a) 二氯甲烷：分析纯；

b) 蒸发器：由蒸发管和称量管组成，如 GB 18614—2012 中图 1 所示；

c) 恒温水槽；

d) 电热鼓风干燥箱：可调节温度至 105 ℃±2 ℃；

e) 天平：感量 0.1 mg。

5.6.3 试验步骤

5.6.3.1 将称量管在 105 ℃±2 ℃的电热鼓风干燥箱中干燥约 30 min 后，在干燥器中冷却 45 min，称量称量管的质量 m^2，称准至 0.1 mg。将称量管与蒸发管连接。

5.6.3.2 称取冷却到不沸腾的试样约 500 g 于蒸发器内，将称量管一部分浸于恒温水槽中，使试样蒸发。恒温水槽的温度调节到试样可在 1.5 h～2.0 h 蒸发完毕。

5.6.3.3 试样汽化结束后，在蒸发器中加入 10 mL 二氯甲烷，把称量管放在约 90 ℃的恒温水槽中，使二氯甲烷汽化，汽化完成后，将称量管放在 105 ℃±2 ℃的电热鼓风干燥箱中干燥约 30 min 后，在干燥器中冷却 45 min，称量称量管的质量 m_1，称准至 0.1 mg。

5.6.4 结果

蒸发残留物按式(2)计算：

$$Y = \frac{m_1 - m_2}{m} \times 100\% \quad \cdots\cdots(2)$$

式中：

Y ——蒸发残留物，%；

m_1 ——试样汽化后称量管的质量，单位为克(g)；

m_2 ——称量管的质量，单位为克(g)；

m ——试样的质量，单位为克(g)。

5.7 悬浮物或沉淀物

取不沸腾的冷却试样 10 mL 置于内径约 15 mm 的试管内，擦干试管外壁附着的霜或湿气，从横向透视观察是否有混浊或沉淀物。

5.8 毒性

5.8.1 试验装置

5.8.1.1 装置概述

毒性试验装置由灭火剂和空气供给系统、小鼠运动记录系统、小鼠转笼以及染毒箱等组成，如图 1 所示。

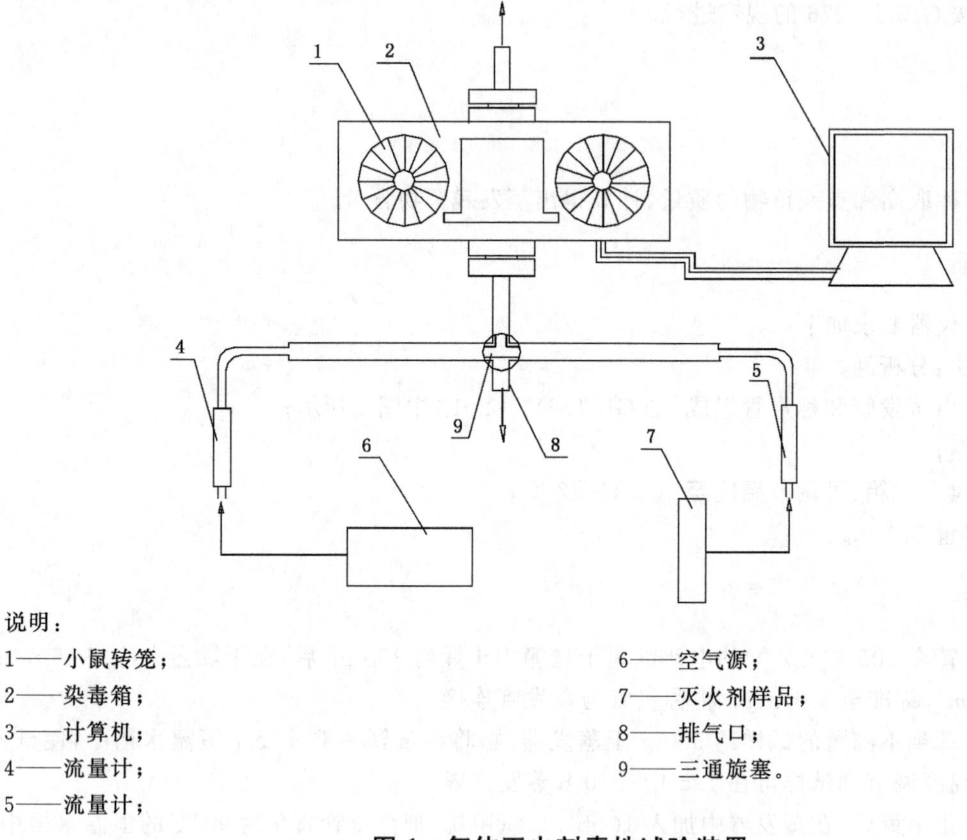

说明：

1——小鼠转笼；
2——染毒箱；
3——计算机；
4——流量计；
5——流量计；
6——空气源；
7——灭火剂样品；
8——排气口；
9——三通旋塞。

图 1 气体灭火剂毒性试验装置

5.8.1.2 小鼠转笼

小鼠转笼由铝制成，如 GB/T 20285—2006 中图 5 所示，转笼质量为(60±10)g；小鼠转笼在支架上应能灵活转动，无固定静置点。

5.8.1.3 染毒箱

染毒箱由无色透明的有机玻璃材料制成，染毒箱有效空间体积约 9.2 L，可容纳 10 只小鼠进行染毒试验。

5.8.1.4 灭火剂和空气供给系统

灭火剂和空气供给系统由灭火剂样品、空气源(瓶装压缩空气或空气压缩机抽取洁净的环境空气)、可调节的2.5级气体流量计及输气管线组成。

5.8.1.5 小鼠运动记录系统

小鼠运动记录采用红外或磁信号监测小鼠转笼转动的情况,每只小鼠的时间-运动图谱应能定性地反映每时刻转笼的角速度。

5.8.2 试验动物要求

5.8.2.1 试验动物应是符合GB 14922.1和GB 14922.2要求的清洁级试验小鼠。
5.8.2.2 试验小鼠应从取得试验动物生产许可证的单位获得,其遗传分类应符合GB 14923的近交系或封闭群要求。
5.8.2.3 从生产单位获得的试验小鼠应做环境适应性喂养,在试验前2 d,试验小鼠体重应有增加,试验时周龄应为5周~8周,质量应为21 g±3 g。
5.8.2.4 每个试验组试验小鼠为8只或10只。雌雄各半,随机编组。
5.8.2.5 试验小鼠饮用水应符合GB 5749要求;饲料应符合GB 14924.3要求;环境和设施应符合GB 14925的要求。

5.8.3 试验步骤

5.8.3.1 将小鼠按编号装笼并安放到染毒试验箱的支架上,盖合染毒箱盖。
5.8.3.2 开启灭火剂和空气供给系统并分别调节流量,使灭火剂和空气的混合气体中灭火剂浓度达到5.10中确认灭火浓度的1.3倍。
5.8.3.3 通过三通旋塞将初始10 min的混合气直接排放掉,然后旋转三通旋塞,让混合气进入染毒箱,试验开始。
5.8.3.4 试验进行30 min,在此过程中观察和记录小鼠的行为变化。
5.8.3.5 30 min试验结束,迅速打开染毒箱,取出小鼠。

5.8.4 试验现象观察

5.8.4.1 30 min染毒期内观察小鼠运动情况:昏迷、痉挛、惊跳、挣扎、不能翻身、欲跑不能等症状。小鼠眼区变化情况:闭目、流泪、肿胀、视力丧失等。记录上述现象的时间和死亡时间。
5.8.4.2 染毒刚结束及染毒后1 h内应观察小鼠行为的变化情况并记录。
5.8.4.3 染毒后的3 d内,应观察小鼠各种症状的变化情况,每天记录各种现象及死亡情况。

5.8.5 毒性伤害性质的确定

5.8.5.1 实验小鼠出现下列症状和特征时,毒性判定为“麻醉”:
- a) 在染毒期中,小鼠有昏迷、痉挛、仰卧等症状出现;
- b) 小鼠运动图谱显示在染毒期中小鼠有较长时间停止运动或在某一时刻后不再运动的丧失逃离能力的特征图谱;
- c) 小鼠在30 min染毒期或其后1 h内死亡。

5.8.5.2 实验小鼠出现下列症状和特征时,毒性判定为“刺激”:
- a) 染毒期中小鼠寻求躲避,有明显的眼部和呼吸行为异常,口鼻黏液增多;

b) 小鼠运动图谱显示小鼠几乎一直跑动；

c) 小鼠染毒后 3 d 内行动迟缓、虚弱厌食或出现死亡现象。

5.9 灭火性能

5.9.1 试验条件

5.9.1.1 试验空间

试验空间的净体积应不小于 100 m³，其长、宽均不小于 4 m，高度为 3.7 m±0.2 m，墙体、屋顶、门等应有足够的承受内压的强度。

试验空间若设泄压口，应设在 3/4 空间高度以上或顶部。

5.9.1.2 试验仪器及材料

试验用仪器及材料要求如下：

a) 氧浓度仪：分辨率不低于 0.1%，应能连续采集和记录整个试验过程中封闭空间内的氧气浓度。M1 距离地面的高度与燃料盘的高度相等，水平距离燃料盘 600 mm～1 000 mm。M2 位于 M1 上方，垂直于 M1，高度为 0.9H。M3 位于 M1 下方，垂直于 M1，高度为 0.1H，如 GA 578—2005 中图 2 所示。

b) 测温装置：K 型热电偶，直径 1 mm，测温仪表时间常数不大于 1 s，连续测量，测量范围 0 ℃～+1 200 ℃。M4 位于燃料盘上方中心 100 mm 处，M5 位于四个燃料罐上方 50 mm 处。

c) 压力变送器：精度不低于 0.5%，距喷嘴距离不超过 1 m，应能连续监控和显示喷嘴出口压力。

d) 燃料盘：面积为 0.25 m²±0.02 m² 的正方形钢质盘，高 106 mm，壁厚 6 mm，盘内加 12.5 L 燃料，油盘底部垫水，燃料面距盘口上沿至少 50 mm，燃料盘底部距地面 600 mm，可放置于房间内不被灭火剂直接喷射到的任何地方。

e) 燃料罐：四个钢质的圆形试验罐。直径 80 mm±5 mm，高度不小于 100 mm，壁厚不小于 2 mm；燃料罐内放入 50 mm 燃料，底部垫水，燃料面距罐口上沿至少 40 mm。四个罐放置在房间四角，距墙 50 mm 交点处，其中二个罐距地面不大于 300 mm，另两个罐距房顶不大于 300 mm，两两角对称放置。

f) 正庚烷：初馏点 90 ℃，50%馏分点 93 ℃，干点 96.5 ℃，密度(15.6 ℃/15.6 ℃)0.719，雷德(Reid)蒸汽压 13.79 kPa。

g) 电子秤：精度 200 g。

h) 秒表：分度值 0.1 s。

5.9.1.3 标准灭火装置

标准灭火装置要求如下：

a) 动力源：高压氮气，氮气含水量不应大于 0.006%，并符合 GB/T 3864 的规定；

b) 灭火剂储存钢瓶：储存钢瓶由容器阀、引申管和电磁启动装置等组成，引申管出口距离钢瓶底部距离为 1 mm～2 mm，钢瓶设计压力不小于 13.7 MPa，如图 2 所示；

c) 容器阀：公称通径为 32 mm，结构为差压式，如图 3 所示；

d) 灭火剂输送管路：通径 DN32、壁厚不小于 3.5 mm 的不锈钢管；

e) 喷嘴：喷嘴带导流罩，等效单孔面积 59.87 mm²，共有 8 个喷孔，如图 4 所示。

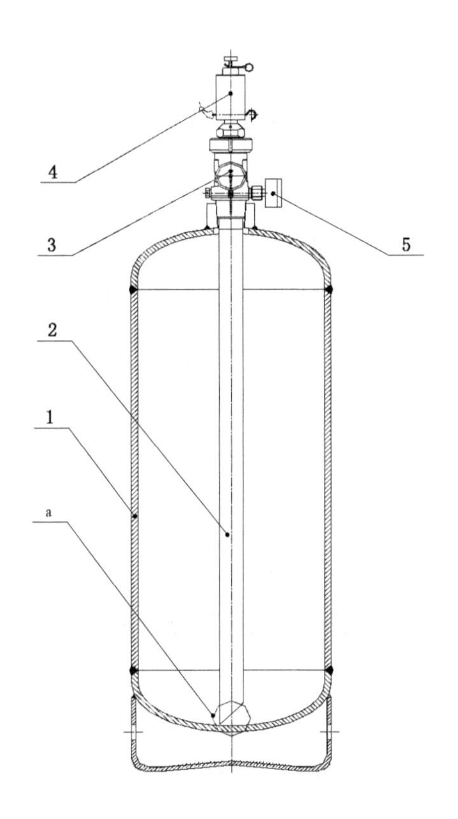

说明：

1——灭火剂储存容器；

2——引伸管；

3——容器阀；

4——电磁驱动器；

5——压力表。

[a] 引伸管与灭火剂储存容器的距离为 3 mm。

图 2　灭火剂储存钢瓶

单位为毫米

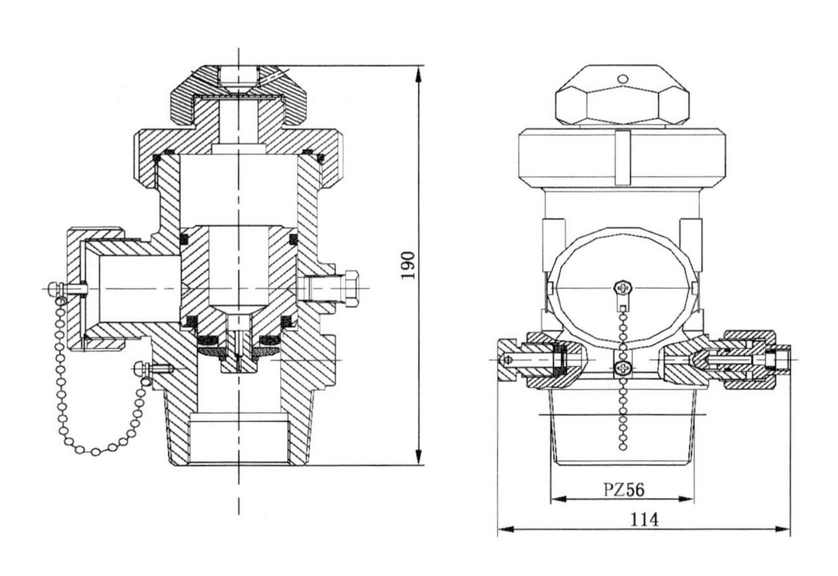

图 3　容器阀

单位为毫米

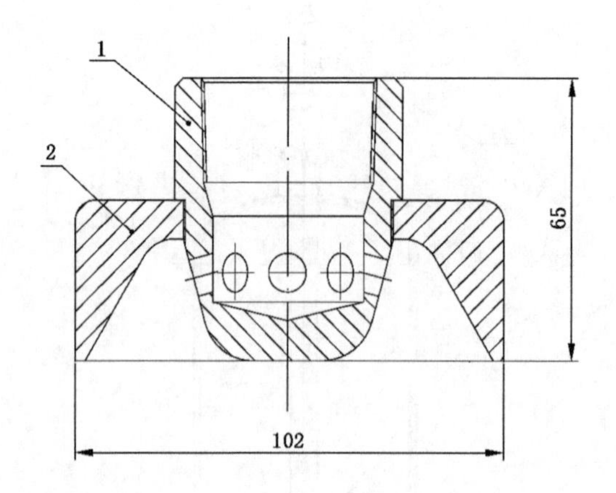

说明：
1——喷嘴；
2——导流罩。

图4 喷嘴及导流罩

5.9.1.4 灭火装置的安装

灭火剂钢瓶和氮气钢瓶置于试验房间墙壁外侧，用瓶组架固定。喷嘴置于试验房间内顶部中心、距顶部 300 mm 处，向下喷射。灭火剂钢瓶和喷嘴之间由输送管路连接。

5.9.1.5 试验步骤

试验前试验空间内各测温点的温度应为 15 ℃～35 ℃。灭火过程可用红外摄像机进行观察。

按生产企业公布的灭火浓度将氢氟烃类灭火剂充入灭火剂钢瓶。

将燃料盘、燃料罐按规定加好燃料，首先点燃四个燃料罐，然后点燃油盘，预燃 30 s。关闭试验室门（此时房间内氧浓度低于正常大气中氧浓度的值不得超过 0.5%），启动灭火装置，喷射过程需控制喷射时间为 8 s～10 s。

5.9.2 试验结果

灭火剂释放结束 30 s 内火焰全部熄灭，且燃料盘、燃料罐内有剩余燃料为灭火成功。

6 检验规则

6.1 检验类别

6.1.1 出厂检验

纯度、酸度、水分为出厂检验项目。

6.1.2 型式检验

第 4 章规定的全部项目为型式检验项目。有下列情况之一时，应进行型式检验：

a） 新产品投产或老产品转厂生产；

b） 正式生产后，产品的结构、材料、生产工艺等有较大改变，可能影响产品性能；

c） 产品停产 1 年以上恢复生产；

d） 发生重大质量事故；

e） 质量监督机构依法提出要求。

6.2 抽样

6.2.1 按批抽样时应随机抽取不小于试验用量 1.5 倍的样品。贮槽装产品以一贮槽产品量为一批，钢瓶装产品以不大于 20 t 为一批。
6.2.2 型式检验样品应从出厂检验合格的产品中抽取。

6.3 结果判定

6.3.1 缺陷分类

缺陷分类见表 3。

表 3 缺陷分类

项目		缺陷类型
纯度		A
酸度		A
水分		A
蒸发残留物		B
悬浮物或沉淀物		B
毒性	麻醉性	A
	刺激性	A
灭火性能		A

6.3.2 出厂检验

出厂检验项目中，纯度、酸度、水分任一项不合格，则判定出厂检验不合格。

6.3.3 型式检验

型式检验结果符合下列条件之一者，即判定该产品合格，否则判该产品不合格：
a） 各项指标均符合第 4 章要求；
b） 只有 1 项 B 类缺陷，其他项目均符合第 4 章相应要求。

7 包装、标志、充装、运输和贮存

7.1 包装

产品应采用外涂银白色油漆的专用钢瓶或 TANK 包装。

7.2 标志

包装外表面应用中英文标注产品名称，并应附有符合 GB/T 191—2008 规定的“怕晒”标志。每瓶产品都应附有产品合格证，合格证应标明产品名称、净重、批号、标准编号、生产日期、生产厂名称、生产厂地址等。

7.3 充装

灭火剂充装应符合 GB 14193 的规定，充装系数不得大于规定值。充装前应确保钢瓶内干燥与清洁。

7.4 运输

钢瓶和 TANK 为带压容器,在装卸运输过程中应轻装轻卸,戴好安全帽,不得撞击、拖拉、摔落和直接曝晒,并遵守交通部《道路危险货物运输管理规定》的有关规定。

7.5 贮存

钢瓶和 TANK 应贮存于通风、阴凉、干燥的地方,不得靠近热源,容器温度不得超过 52 ℃,避免雨淋日晒和接触腐蚀性物质等。空瓶或实瓶放置应整齐,佩戴好钢瓶帽。立放时,要妥善固定;横放时,头部朝一个方向,垛高不宜超过 5 层。

ICS 13.220.10
C 83

中华人民共和国消防救援行业标准

XF/T 636—2006

气体灭火剂的毒性试验和评价方法

Test and evaluation method for the toxicity of gaseous fire-extinguishing agents

2006-08-29 发布　　2007-01-01 实施

中华人民共和国应急管理部　公 布

前　言

根据公安部、应急管理部联合公告（2020 年 5 月 28 日）和应急管理部 2020 年第 5 号公告（2020 年 8 月 25 日），本标准归口管理自 2020 年 5 月 28 日起由公安部调整为应急管理部，标准编号自 2020 年 8 月 25 日起由 GA/T 636—2006 调整为 XF/T 636—2006，标准内容保持不变。

本标准的附录 A 为规范性附录，附录 B 为资料性附录。

本标准由公安部消防局提出。

本标准由全国消防标准化技术委员会第三分技术委员会归口。

本标准负责起草单位：公安部天津消防研究所、浙江荧光化工有限公司。

本标准主要起草人：戴殿峰、刘玉恒、王天鄂、田野、薛思强、王伯涛、冯珂星、李涛。

气体灭火剂的毒性试验和评价方法

1 范围

本标准规定了气体灭火剂的自然毒性与火场毒性的试验方法、评价方法、检验与抽样、试验报告。

本标准适用于气体灭火剂。气雾溶胶类灭火剂可参照执行。

2 规范性引用文件

下列文件中的条款通过本标准的引用而成为本标准的条款。凡是注日期的引用文件，其随后所有的修改单(不包括勘误的内容)或修订版均不适用于本标准，然而，鼓励根据本标准达成协议的各方研究是否可使用这些文件的最新版本。凡是不注日期的引用文件，其最新版本适用于本标准。

GB 5749 生活饮用水卫生标准

GB 14922.1 实验动物 寄生虫学等级与监测

GB 14922.2 实验动物 微生物学等级与监测

GB 14923 实验动物 哺乳类动物的遗传质量控制

GB 14924.3 实验动物 大鼠小鼠配合饲料

GB 14925 实验动物 环境及设施

XF/T 505—2004 火灾毒性烟气制取方法

XF/T 506—2004 评价火灾烟气毒性危险的动物试验方法

3 术语和定义

XF/T 505—2004、XF/T 506—2004 确立的以及下列术语和定义适用于本标准。

3.1

自然毒性 original toxicity

指气体灭火剂的自然组分与一定量的空气混合后对人体的毒害作用；按本标准规定的浓度使气体灭火剂与空气混合，在通常环境下，以混合气体对清洁级或清洁级以上实验小鼠的毒害反应来衡量。

3.2

火场毒性 toxicity in the locale of a fire

指气体灭火剂在模拟火灾状态下火灾场景烟气(不考虑火场燃烧物产生的毒性因素)对人体的毒害作用；按本标准规定的浓度使气体灭火剂与空气混合，再通过温度为 750 ℃的加热炉管，在通常环境下，以混合气体对清洁级或清洁级以上实验小鼠的毒害反应来衡量。

4 试验方法

4.1 试验环境条件

试验环境条件为：温度为 18 ℃～29 ℃，相对湿度为 40%～80%，一个标准大气压。

4.2 自然毒性试验

4.2.1 试验浓度

试验浓度应遵照本标准附录 A 的规定选择确认。

4.2.2 试验小鼠

4.2.2.1 试验小鼠应采用符合 GB 14922.1 和 GB 14922.2 要求的清洁级或清洁级以上实验小鼠。

4.2.2.2 试验小鼠应从取得实验动物生产许可证的单位获得，其遗传分类应符合 GB 14923 的近交系或封闭群要求。

4.2.2.3 试验小鼠应做环境适应性喂养，实验前 2 天，试验小鼠的质量应有所增加，试验时试验小鼠周龄应为(5～8)周，质量应为(21±3) g；

4.2.2.4 单次试验应使用试验小鼠 10 只，雌雄各半，随机编组。

4.2.2.5 试验小鼠饮用水质量应符合 GB 5749 的要求；饲料质量应符合 GB 14924.3 的要求；环境和设施条件应符合 GB 14925 的要求。

4.2.3 试验装置

4.2.3.1 气体灭火剂的采集与混合应按照与其灭火系统相一致的方法进行，应根据灭火剂的物理化学特性采取必要的措施，使气流呈稳定、单相状态。气体进入试验装置的测量控制系统时压力不大于 0.1 MPa(表压)。

4.2.3.2 试验空气的配给可采用空气压缩机、压缩空气钢瓶或其他适宜方法，空气进入毒性试验装置的测量控制系统前，应经过空气净化装置过滤处理，以保证空气清洁。

4.2.3.3 试验气体采集供给系统使用的气体流量及压力测量装置的测量精度均不应低于 2.5 级。

4.2.3.4 本试验可能涉及高压、有害气体和紫外线辐射；试验时应采取必要的防护措施，保证试验人员免遭有害物质的损害；试验装置的其他部分应符合 XF/T 505—2004 和 XF/T 506—2004 的规定。

4.2.4 试验步骤

4.2.4.1 在染毒试验前 5 min 将小鼠称重，选择 10 只符合 4.2.2 要求的试验小鼠，装笼编号，安放到染毒暴露箱的支架上。

4.2.4.2 染毒试验前应调整三通旋塞的位置，切断染毒暴露箱的气体供给；调节气体灭火剂及空气流量，至气体灭火剂浓度符合 4.2.1 要求，且混合气体流量应保持 5.0 L/min～5.5 L/min(本标准的流量均指 20 ℃和 1 个标准大气压的条件下)。

4.2.4.3 进行染毒试验时，盖合染毒暴露箱，将三通旋塞切换到向染毒暴露箱供气的位置，并立即开始计时，同时启动运动——时间记录系统。

4.2.4.4 染毒时间达到 5.1 规定后，立即切换三通旋塞，停止向暴露箱供给混合气体，并迅速打开暴露箱盖，取出试验小鼠置于空气清新的室内操作台上，本条操作应在 30 s 内完成。

4.2.4.5 检查操作台上的小鼠的仰放翻正能力、爬行能力，此项检查应在染毒结束后 90 s 内完成；然后立即将小鼠置于 4.2.2.5 规定的条件下喂养 72 h，并按规定观察记录。

4.2.5 观察及记录

染毒期内及染毒期结束后 72 h 为试验观察时间，应做好如下观察及记录：

——在 20 min 的染毒期内，注意观察十只试验小鼠的运动图谱，记录小鼠的运动状态、活动能力、惊跳、痉挛、口鼻出血、分泌物异常等现象，准确记录小鼠不再运动和停止呼吸的时间；

——20 min 染毒期结束后，立即检查试验小鼠的行为能力：将行动微弱的小鼠仰放，检查其是否具备自行翻正的能力，进行轻微的人为刺激，观察能否爬行及连续爬行的长度；

——20 min～72 h 应着重观察试验小鼠是否有死亡现象，记录死亡时间。

小鼠丧失逃离能力是指：先确认仰放不能自行翻身或经轻微刺激连续爬行长度不超过 20 cm 的小鼠，再按其运动——时间图谱，以最后不能再使转笼转动一圈的状态。

小鼠死亡是指：染毒期及染毒期结束后 72 h 内，以小鼠停止呼吸的状态。

4.3 火场毒性试验

4.3.1 试验浓度

试验浓度应遵照附录 A 的规定选择确认。

4.3.2 试验小鼠

试验小鼠应符合 4.2.2 的规定。

4.3.3 试验装置

4.3.3.1 试验气体的采集系统应符合 4.2.3 的规定。

4.3.3.2 试验气体采集系统得到稳定单相灭火剂气流后，先与空气按规定的浓度混合，再经载气管路系统流过毒性试验装置的加热炉管(加热炉管内壁温度为 750 ℃)，最后进入染毒试验箱。

4.3.3.3 毒性试验装置的加热炉的温度控制，应使试验环型炉在静态下内壁温度为 750 ℃±5 ℃，且在 20 min 内静态温度波动不超过±2.5 ℃。

4.3.3.4 试验装置应符合 XF/T 505—2004 和 XF/T 506—2004 的规定。

4.3.4 试验步骤

4.3.4.1 试验前准备：启动环型炉位移控制系统，将环形加热炉移到装置的最左端，试验期间环形炉应处于静止状态。

4.3.4.2 启动环型炉温度控制系统，试验期间环形炉内壁及温度波动度符合 4.3.3.3 的要求。

4.3.4.3 调节气体灭火剂和空气的流量，使混合气体符合按 4.3.1 要求确定的试验浓度要求，且混合气体总流量应保持在 5.0 L/min～5.5 L/min 之间，混合气体应通过环形炉(符合 XF/T 505—2004 第 4.1.1 条要求)高温区后进入急性染毒暴露箱。

4.3.4.4 在不放入试验小鼠的条件下进行 10 min 空白试验，染毒暴露箱内的温度应始终保持 18 ℃～29 ℃；否则，应在混合气体进入染毒暴露箱前采取适当的措施，使之符合温度要求。

4.3.4.5 重复 4.3.4.1～4.3.4.3 的试验步骤，再按 4.2.4 进行试验。

4.3.5 观察及记录

按 4.2.5 的规定进行观察及记录。

5 评价方法

5.1 自然毒性评价

按 4.2 规定的试验方法，经过 20 min 的染毒试验，染毒期结束时丧失逃离能力的试验小鼠不超过 50%，且试验小鼠在染毒期及其后 72 h 内死亡率不超过 50%，则判定该气体灭火剂在该试验浓度下自然毒性为通过；否则，重复该试验两次，若三次试验结果的平均值符合上述要求，则综合判定该气体灭火剂在该试验浓度下自然毒性为通过。

不符合上述情况均判定该气体灭火剂在该试验浓度下自然毒性为不通过。

5.2 火场毒性评价

按 4.3 规定的试验方法，经过 20 min 的染毒试验，染毒期结束时丧失逃离能力的试验小鼠不超过 50%，且试验小鼠在染毒期及其后 72 h 内死亡率不超过 50%，则判定该气体灭火剂在该试验浓度下火场毒性为通过；否则，重复该试验两次，若三次试验结果的平均值符合上述要求，则综合判定该气体灭火剂在该试验浓度下火场毒性为通过。

不符合上述情况均判定该气体灭火剂在该试验浓度下火场毒性为不通过。

6 检验与抽样

6.1 检验类型

检验分为委托检验、型式检验和仲裁检验。

6.2 抽样

6.2.1 从出厂检验合格的同一批样品中，随机抽取试验样品，样品基数不少于抽样数量的 20 倍(注：委托检验和仲裁检验无此要求)。

6.2.2 抽样数量应不少于试验用量的 3 倍。

7 检验报告

检验报告应详细描述该样品的特征，并应详细提供有关该气体灭火剂的主要技术参数，记录可能影响到试验结果的主要因素，同时至少还应包括下述内容：

a） 被检样品的鉴别特征：样品名称或商品名、型号、生产厂等；

b） 检验类型；

c） 试验所依据的标准；

d） 气体灭火剂的试验浓度，及其确定依据；

e） 染毒所持续的时间，20 min；

f） 试验动物：清洁级实验小鼠(符合 GB 14922.1 和 GB 14922.2)；

g） 试验环境温度、湿度；

h） 试验现象及试验结论；

i） 试验日期和试验人员。

附 录 A
（规范性附录）
试验浓度的选择原则

A.1 对于具有相应灭火系统设计规范的待测气体灭火剂（指国家规范或行业规范），其试验浓度不应低于设计规范规定的可应用于有人员存在场所的最大设计浓度。

A.2 对于无法按 A.1 方法确定试验浓度的气体灭火剂，应依据该灭火剂的产品标准（指国家标准或行业标准）规定的该灭火剂可用于有人场所的最大设计浓度确定，试验浓度应不小于该设计浓度：若产品标准（指国标或行标）未明确上述设计浓度，则试验浓度应不小于标准规定的灭火浓度的 1.3 倍。

A.3 对于无法按 A.1、A.2 的方法确定试验浓度的气体灭火剂，应依据该产品的地方标准或企业标准规定的该灭火剂可用于有人场所的最大设计浓度确定，试验浓度应不小于该设计浓度；若产品标准（指地标或企标）未明确上述设计浓度，则试验浓度应不小于标准规定的灭火浓度的 1.3 倍。

A.4 对于委托检验，气体灭火剂的试验浓度可依据申请方指定的浓度进行试验。

附 录 B
（资料性附录）
试验方法原理

气体灭火剂的自然毒性试验，模拟气体灭火剂在误喷射条件下的毒性，即气体灭火剂直接与空气混合后的毒性：试验时按气体灭火剂的试验浓度或指定浓度与空气混合形成均匀稳定的混合气流，通过气体管路输送到动物染毒暴露箱，使用清洁级医用实验小鼠在此环境中染毒，试验小鼠在规定的染毒期间不能有丧失逃离能力现象，且在染毒期间及之后 72 h 内死亡率≤50%，则认为气体灭火剂的自然毒性符合要求。

气体灭火剂的火场毒性试验，模拟灭火系统在发生火灾时，喷射灭火剂灭火时的火灾场景烟气状态（试验未考虑火场燃烧产物的附加毒性）：先使气体灭火剂按试验浓度与空气混合后，形成均匀混合气流，再通过模拟火灾现场的高温条件后，输送到动物染毒暴露箱，使用清洁级医用实验小鼠在此环境中染毒，试验小鼠在规定时间的染毒期间不能有丧失逃离能力现象，且在染毒期间及之后 72 h 内死亡率≤50%，则认为气体灭火剂的火场毒性符合要求。

ICS 13.220.10
C 84

中华人民共和国消防救援行业标准

XF 979—2012

D类干粉灭火剂

Fire extinguishing media—D powder

2012-02-01 发布　　2012-03-01 实施

中华人民共和国应急管理部　公布

前　言

根据公安部、应急管理部联合公告(2020年5月28日)和应急管理部2020年第5号公告(2020年8月25日),本标准归口管理自2020年5月28日起由公安部调整为应急管理部,标准编号自2020年8月25日起由GA 979—2012调整为XF 979—2012,标准内容保持不变。

本标准的第5章和第7章为强制性的,其余为推荐性的。

本标准按照GB/T 1.1—2009给出的规则起草。

请注意本标准的某些内容可能涉及专利。本标准的发布机构不承担识别这些专利的责任。

本标准由公安部消防局提出。

本标准由全国消防标准化技术委员会灭火剂分技术委员会(SAC/TC 113/SC 3)归口。

本标准负责起草单位:公安部天津消防研究所。

本标准参加起草单位:山东环绿康新材料科技有限公司、安素消防设备(上海)有限公司。

本标准主要起草人:李姝、戴殿峰、马建明、刘玉恒、包志明、张彬、张璐、秦玉旺、云洪。

本标准为首次制定。

D类干粉灭火剂

安全警示：灭火试验对人身和财产可能带来危害，应注意做好防护措施；试验用金属钠应严禁与水接触，取放时应采取适当措施，严禁与皮肤直接接触。

1 范围

本标准规定了D类干粉灭火剂的术语和定义、分类和型号、要求、试验方法、检验规则、标志、包装、运输和贮存等。

本标准适用于能扑灭D类火灾的干粉灭火剂。

2 规范性引用文件

下列文件对于本文件的应用是必不可少的。凡是注日期的引用文件，仅注日期的版本适用于本文件。凡是不注日期的引用文件，其最新版本(包括所有的修改单)适用于本文件。

GB/T 4509 沥青针入度测定法

GB/T 5907 消防基本术语 第一部分

GB/T 6003.1 金属丝编织网试验筛

GB/T 6682 分析实验室用水规格和试验方法

GB 8109 推车式灭火器

3 术语和定义

GB/T 5907 中界定的以及下列术语和定义适用于本文件。

3.1

D类干粉灭火剂 fire extinguishing media—D powder

能扑灭D类火灾的干粉灭火剂。

4 分类和型号

4.1 D类干粉灭火剂按可扑救的金属材料对象划分类别，分为单一型和复合型。

4.2 D类干粉灭火剂的型号由字母D与可扑救的金属材料对象代号构成。如：金属镁的代号为Mg、金属钠的代号为Na、三乙基铝的代号为$Al(C_2H_5)_3$。

示例1：D—Mg，表示可以扑救金属镁的D类干粉灭火剂。

示例2：D—Na、$Al(C_2H_5)_3$，表示可以扑救金属钠和三乙基铝的D类干粉灭火剂。

5 要求

5.1 一般要求

5.1.1 用于生产D类干粉灭火剂的各种原料应对生物无明显毒害，且灭火时不应自身分解出或与燃料发生作用生成具有毒性或危险性物质。

5.1.2 产品供应商或试验委托方应对其提供的D类干粉灭火剂产品的以下内容进行申报：

a） 主要组分名称及其含量测试依据的国家标准或行业标准；

b） 主要组分含量特征值(见表1),申报的主要组分含量的总和不应小于总组分的75%；

c） 松密度特征值(见表1)；

d） 粒度分布特征值(见表1)；

e） 可扑救的火灾类型,可申报单一型和复合型,并应在产品型号中注明。

5.2 技术要求

D类干粉灭火剂的主要性能指标应符合表1的规定。

表1 D类干粉灭火剂主要性能指标

项目		技术要求
主要组分含量/%		特征值±3
松密度/(g/mL)		特征值±0.1
含水率/%		≤0.20
抗结块性(针入度)/mm		≥16.0
斥水性		无明显吸水,不结块
流动性/s		≤8.0
粒度分布/%	0.250 mm	0.0
	0.250 mm～0.125 mm	特征值±3
	0.125 mm～0.063 mm	特征值±6
	0.063 mm～0.040 mm	特征值±6
耐高、低温性/s		≤5.0
腐蚀性		无明显锈蚀
灭D类火灾效能	镁火	灭火成功
	钠火	灭火成功
	三乙基铝火	灭火成功

6 试验方法

6.1 主要组分含量

应按相应的国家标准或行业标准测定,若无相应标准则由产品供应商或试验委托方提供适当的经相关方认可的主要组分含量检测方法。结果准确至0.1%。

6.2 松密度

6.2.1 仪器

松密度测试的仪器要求如下：

a） 天平:感量0.2 g；

b） 具塞量筒:量程250 mL,分度值2.5 mL；

c） 秒表：分度值 0.1 s。

6.2.2 试验步骤

6.2.2.1 称取D类干粉灭火剂试样 100 g，精确至 0.2 g，置于具塞量筒中。

6.2.2.2 以 2 s 一个周期的速度，上下颠倒量筒 10 个周期。

6.2.2.3 将具塞量筒垂直于水平面静置 3 min 后，记录试样的体积。

6.2.3 结果

松密度 D_b 按式(1)计算：

$$D_b = \frac{m_0}{V} \quad \cdots\cdots(1)$$

式中：

D_b——松密度，单位为克每毫升(g/mL)；

m_0——试样的质量，单位为克(g)；

V ——试样所占的体积，单位为毫升(mL)。

取差值不超过 0.04 g/mL 的两次试验结果的平均值作为测定结果。

6.3 含水率

6.3.1 试剂、仪器

含水率测试的仪器要求如下：

a） 天平：感量 0.2 mg；

b） 称量瓶：ϕ50 mm×30 mm；

c） 干燥器：ϕ220 mm；

d） 硫酸：分析纯(含量 98%，密度 1.836)。

6.3.2 试验步骤

6.3.2.1 在已恒重的称量瓶中，称取D类干粉灭火剂试样 5 g，精确至 0.2 mg。

6.3.2.2 将称量瓶免盖置于温度 20 ℃±2 ℃，盛有硫酸的干燥器中 48 h。

6.3.2.3 取出称量瓶加盖置于干燥器内，静置 15 min 后称量，精确至 0.2 mg。

6.3.3 结果

含水率 x_1 按式(2)计算：

$$x_1 = \frac{m_1 - m_2}{m_1} \times 100\% \quad \cdots\cdots(2)$$

式中：

m_1——干燥前试样质量，单位为克(g)；

m_2——干燥后试样质量，单位为克(g)。

取差值不超过 0.02%的两次试验结果的平均值作为测定结果。

6.4 抗结块性

6.4.1 试剂、仪器、设备

抗结块性测试的试剂、仪器、设备要求如下：

a） 氯化铵：化学纯；

b） 饱和氯化铵恒湿系统（见图1）：控制5 L/min流量的空气（湿度为78%）通过恒湿器，恒湿器下部装有饱和氯化铵溶液；

c） 针入度仪（符合GB/T 4509的规定）：精度0.1 mm，标准针与针杆质量之和为（50.00±0.05）g；

d） 电热恒温干燥箱：精度±2 ℃；

e） 烧杯：100 mL；

f） 秒表：分度值0.1 s；

g） 震筛机：摆动频率4.58 Hz～4.92 Hz，震击频率0.52 Hz～0.55 Hz，震击高度4.0 mm。

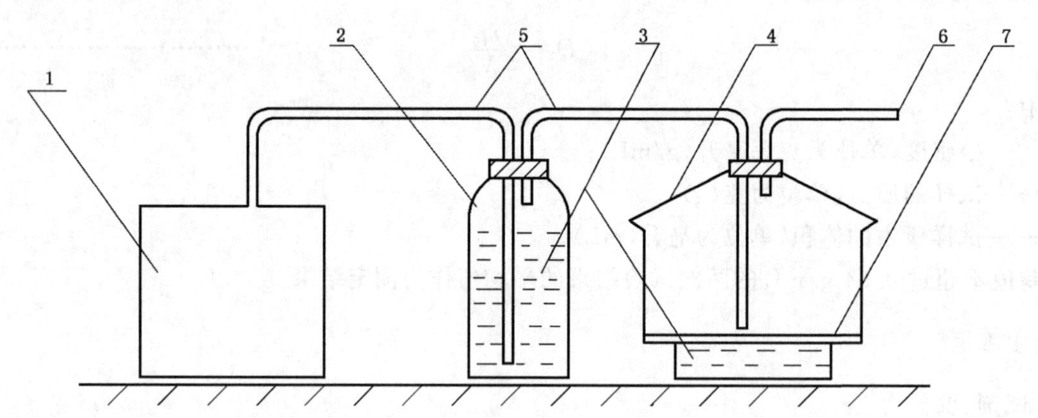

说明：

1——供气稳压缓冲装置；

2——广口瓶；

3——饱和氯化铵溶液；

4——直径250 mm恒湿器；

5——内径6 mm的玻璃管；

6——空气出口；

7——恒湿器孔板。

图1 饱和氯化铵恒湿系统

6.4.2 试验步骤

6.4.2.1 在干燥、洁净的烧杯中，装满D类干粉灭火剂试样，用刮刀刮平表面。

6.4.2.2 将烧杯置于震筛机上，用夹具夹紧，震动5 min；取下烧杯，在温度为（21±3）℃、相对湿度为78%的恒湿器内增湿48 h；然后移入温度为（48±3）℃的电热恒温干燥箱内干燥48 h。

6.4.2.3 测定针入度：测定时，针尖要贴近试样表面，针入点之间、针入点与杯壁之间的距离不小于10 mm。针自由落入试样内5s后，记录针插入试样的深度，每只烧杯的试样测三个针入点。

6.4.3 结果

取九次试验结果的平均值作为测定结果。

6.5 斥水性

6.5.1 试剂、仪器

斥水性测试的试剂、仪器要求如下：

a） 氯化钠：化学纯；

b） 培养皿：ϕ70 mm；
c） 吸量管：0.5 mL；
d） 干燥器：ϕ220 mm。

6.5.2 试验步骤

6.5.2.1 在培养皿中放入过量的D类干粉灭火剂试样，用刮刀刮平表面。
6.5.2.2 在干粉表面三个不同点用吸量管各滴0.3 mL三级水(符合GB/T 6682的规定)。
6.5.2.3 将培养皿放在温度为(20±5)℃、盛有饱和氯化钠溶液的干燥器内(相对湿度75%)1 h。
6.5.2.4 取出培养皿，逐渐倾斜，使水滴滚落。

6.5.3 结果

观察试样有无明显吸水、结块现象。

6.6 流动性

6.6.1 仪器

流动性测试的仪器要求如下：
a） 流动性测定仪(见图2)：由玻璃砂钟和可翻转的支架组成；
b） 天平：感量0.5 g；
c） 秒表：分度值0.1 s。

6.6.2 试验步骤

6.6.2.1 称取D类干粉灭火剂试样300 g，精确至0.5 g，放入玻璃砂钟内。
6.6.2.2 将玻璃砂钟安装在支架上，然后将试样在砂钟内连续翻转30 s，使试样充气后，立即开始测定其连续20次自由通过中部颈口的时间。

6.6.3 结果

取20次试验时间的算术平均值作为测定结果。

6.7 粒度分布

6.7.1 仪器、设备

粒度分布测试的仪器、设备要求如下：
a） 天平：感量0.2 g；
b） 秒表：分度值0.1 s；
c） 震筛机：按6.4.1中g)的规定；
d） 套筛(符合GB/T 6003.1的规定)：网孔尺寸分别为0.250 mm、0.125 mm、0.063 mm、0.040 mm，一个顶盖和一个底盘。

6.7.2 试验步骤

6.7.2.1 称取D类干粉灭火剂试样50 g，精确至0.2 g，放入0.250 mm顶筛内，下面依次为0.125 mm、0.063 mm、0.040 mm的筛和底盘，盖上顶盖。
6.7.2.2 将套筛固定在震筛机上，震动10 min。
6.7.2.3 取下套筛，分别称量留在每层筛上的试样质量。

单位为毫米

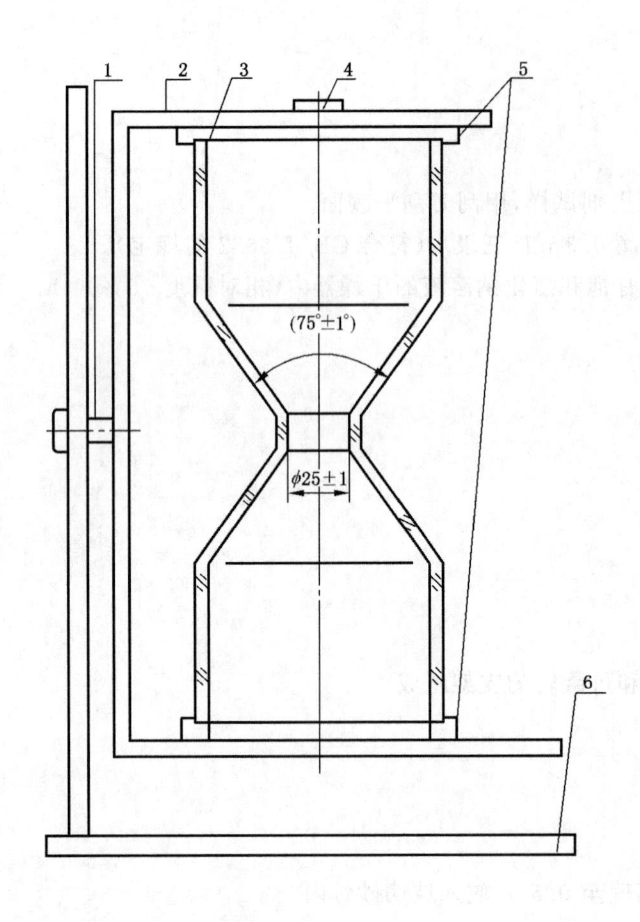

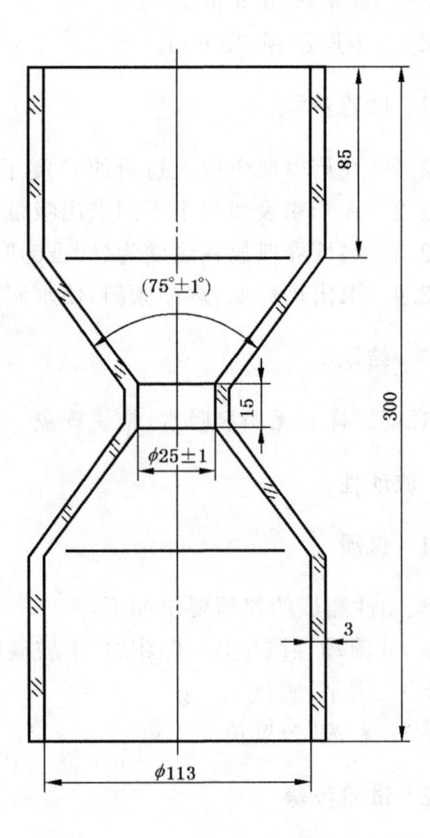

说明：
1——轴；
2——支架；
3——玻璃砂钟；
4——紧固螺母；
5——玻璃砂钟盖；
6——底座。

图2　流动性测定仪

6.7.3　结果

D类干粉灭火剂在每层筛上的质量百分数 x_3 按式(3)计算：

$$x_3=\frac{m_5}{m_6}\times 100\% \quad \cdots\cdots(3)$$

式中：

m_5——试样在每层筛上的质量，单位为克(g)；

m_6——试样的质量，单位为克(g)。

取回收率大于98%的两次试验结果的平均值作为测定结果。

6.8　耐高、低温性

6.8.1　仪器、设备

耐高、低温测试的仪器、设备要求如下：

a） 低温试验仪：精度±1 ℃；
b） 电热鼓风干燥箱：精度±2 ℃；
c） 试管：ϕ20 mm×150 mm；
d） 天平：感量 0.2 g；
e） 秒表：分度值 0.1 s。

6.8.2 试验步骤

6.8.2.1 在 6 只干燥、洁净的试管中分别装入 D 类干粉灭火剂试样 20 g，精确至 0.2 g。
6.8.2.2 将试管加塞后，其中 3 只垂直放入－55 ℃低温试验仪中，另外 3 只垂直放入 60 ℃电热鼓风干燥箱中。
6.8.2.3 24 h 后取出 6 只试管，在 20 ℃±2 ℃的环境中静置 24 h。然后将低温试验后的试样放入 60 ℃电热鼓风干燥箱中，将高温试验后的试样放入－55 ℃低温试验仪中。
6.8.2.4 24 h 后取出 6 只试管，立即使其在 2 s 内倾斜直到倒置。用秒表记录试样全部流下的时间。

6.8.3 结果

分别取三次试验结果的平均值作为测定结果。

6.9 腐蚀性

6.9.1 仪器、设备

腐蚀性测试的仪器、设备要求如下：
a） Q235 钢片：75 mm×15 mm×1.5 mm；
b） 电热鼓风干燥箱：控温精度±2 ℃；
c） 饱和氯化铵恒湿系统：按 6.4.1 中 b)的规定；
d） 烧杯：500 mL；
e） 无水乙醇：化学纯。

6.9.2 试验步骤

6.9.2.1 取 Q235 钢片四片，用 200 号水砂纸打磨，去掉氧化膜，再用 400 号水砂纸磨光，用硬毛刷在自来水中冲刷、洗净，最后用无水乙醇洗涤擦干将处理好的试片放入(60±2)℃的电热鼓风干燥箱 30 min，取出放入干燥器中至室温。
6.9.2.2 在烧杯中加入 D 类干粉灭火剂试样，使试样在烧杯中的高度为 80 mm。
6.9.2.3 将处理好的四片试片垂直插入烧杯中，使试片浸入试样部分为 60 mm，且试片间不接触。
6.9.2.4 将烧杯放入温度为(21±3)℃、相对湿度为 78%的恒湿器中，21 d 后取出烧杯。

6.9.3 结果

观察钢片和试样接触部分是否有明显锈蚀现象。

6.10 灭 D 类火灾效能

6.10.1 镁火

6.10.1.1 试剂、仪器、设备

镁火灭火试验的试剂、仪器、设备要求如下：

a） 切削油：密度为(0.86±0.05)g/m^3，闪点为(146±5)℃；
b） 燃料：共四种，分别是：
   1） 干镁粉：含量不小于99.5%，100%粒径小于0.387 mm，80%粒径不小于0.150 mm，每次试验用(11.0±0.1)kg；
   2） 浸油镁粉：干镁粉和切削油的均匀混合物，每次试验用(9.9±0.1)kg干镁粉和(1.1±0.1)kg切削油；
   3） 干镁屑：含量不小于99.5%，长度为6 mm～9 mm，宽度为2 mm～3 mm，厚度为0.25 mm，每次试验用(18.0±0.1)kg；
   4） 浸油镁屑：干镁屑和切削油的均匀混合物，每次试验用(16.2±0.1)kg干镁屑和(1.8±0.1)kg切削油；
c） 风速仪：精度0.1 m/s；
d） 秒表：分度值0.1 s；
e） 推车式干粉灭火器：符合GB 8109的规定；
f） 正方形钢盘：边长(600±10)mm，高(300±5)mm，盘壁厚度2.5 mm～3.0 mm；
g） 天平：感量2 g。

6.10.1.2 灭镁火试验步骤

6.10.1.2.1 风速不大于3 m/s，无雨雪。

6.10.1.2.2 将正方形钢盘置于水平地面上，在正方形钢盘中按6.10.1.1中b)的规定加入燃料，并使其均匀分布。在推车式干粉灭火器中装入14 kg D类干粉灭火剂试样，并充压至1.2 MPa。

6.10.1.2.3 使用点火棒在钢盘的中心位置点燃燃料，点火应在30 s之内完成。当燃烧进展到整个燃料表面时，开始灭火，灭火时控制灭火器阀门使试样以适当流量尽可能落在钢盘中，并且不使燃料喷溅到钢盘之外的地方。

6.10.1.2.4 喷射结束后，保持钢盘静置60 min。

6.10.1.3 结果

分别以四种燃料进行四次试验，每次试验均在喷射结束前火焰全部熄灭，喷射结束后60 min内不出现复燃，且钢盘内有剩余燃料，则认为灭镁火成功。

6.10.2 钠火

6.10.2.1 仪器、设备

钠火灭火试验的仪器、设备要求如下：
a） 金属钠：商业级，含量不小于99.6%；
b） 风速仪：精度0.1 m/s；
c） 推车式干粉灭火器：符合GB 8109的规定；
d） 秒表：分度值0.1 s；
e） 正方形钢盘：边长(600±10)mm，高(300±5)mm，盘壁厚度2.5 mm～3.0 mm。
f） 圆形钢盘：直径(540±10)mm，高(150±5)mm，盘壁厚度2.5 mm～3.0 mm。钢盘放在高度为(300±5)mm的托架上，托架直径略小于钢盘，钢盘配有合适的盖子；
g） 铠装热电偶：K型，外径为3.0 mm，丝径不大于0.5 mm，精度Ⅱ级；
h） 数字式温度显示仪表：精度±0.5%；
i） 天平：感量2 g。

6.10.2.2 **灭容器火试验步骤**

6.10.2.2.1 风速不大于 3 m/s,无雨雪。

6.10.2.2.2 在推车式干粉灭火器中装入 14 kg D类干粉灭火剂试样,并充压至 1.2 MPa。将圆形钢盘置于托架上。

6.10.2.2.3 将热电偶水平固定在圆形钢盘中心、距底部 1.6 mm 处。在钢盘中心位置加(3.0±0.2)kg 金属钠,用盖子盖住钢盘。

6.10.2.2.4 以适当的安全方式对金属钠进行加热。

6.10.2.2.5 当金属钠温度升高到(515±5)℃时,小心打开钢盘上的盖子,金属钠自燃,继续加热,当金属钠温度达到(555±5)℃时,将圆形钢盘从托架上转移至水平地面上并开始灭火。灭火时控制灭火器阀门使试样以适当流量尽可能落在钢盘中,并且不使燃料喷溅到钢盘之外的地方。

6.10.2.2.6 喷射结束后,保持圆形钢盘静置 4 h。

6.10.2.3 **灭溢出火试验步骤**

6.10.2.3.1 试验温度为(0～30)℃,风速不大于 3 m/s,无雨雪。

6.10.2.3.2 在灭火器中装入 14 kg D类干粉灭火剂试样,并充压至 1.2 MPa。将圆形钢盘置于托架上。

6.10.2.3.3 将热电偶水平固定在圆形钢盘中心、距底部 1.6 mm 处。在钢盘中心位置加(1.4±0.04)kg 金属钠,用盖子盖住钢盘。

6.10.2.3.4 以适当的安全方式对金属钠进行加热。

6.10.2.3.5 当金属钠温度升高到(515±5)℃时,小心打开钢盘上的盖子,金属钠自燃,继续加热,当金属钠温度达到(555±5)℃时,将燃烧的金属钠小心转移至放置在水平地面上的正方形钢盘中,金属钠继续燃烧。

6.10.2.3.6 当火焰蔓延至整个正方形钢盘时开始灭火。灭火时控制灭火器阀门使试样以适当流量尽可能落在钢盘中,并且不使燃料喷溅到钢盘之外的地方。

6.10.2.3.7 喷射结束后,保持正方形钢盘静置 4 h。

6.10.2.4 **结果**

灭容器火、灭溢出火均在喷射结束前火焰全部熄灭,喷射结束后 4 h 内不出现复燃,且钢盘内有剩余燃料,则认为灭钠火成功。

6.10.3 **三乙基铝火**

6.10.3.1 **仪器、设备**

三乙基铝火灭火试验的仪器、设备要求如下:

a) 三乙基铝:含量不小于 92%;
b) 风速仪:精度 0.1 m/s;
c) 秒表:分度值 0.1 s;
d) 正方形钢盘:边长(600±10)mm,高(300±5)mm,盘壁厚度 2.5 mm～3.0 mm,钢盘配有方形的盖子;
e) 推车式干粉灭火器:符合 GB 8109 的规定;
f) 天平:感量 2 g。

6.10.3.2 试验步骤

6.10.3.2.1 试验温度为 0 ℃～30 ℃,相对湿度为 30%～60%,风速不大于 3 m/s,无雨雪。

6.10.3.2.2 在灭火器中装入 18 kg D 类干粉灭火剂试样,并充压至 1.2 MPa。

6.10.3.2.3 将正方形钢盘置于水平地面上,并盖好盖子。在钢盘中加入 3 kg 三乙基铝,打开钢盘上的盖子,三乙基铝自燃,自燃时间达到 10 s 时开始灭火。灭火时控制灭火器阀门使试样以适当流量尽可能落在钢盘中,并且不能使燃料喷溅到钢盘之外的地方。

6.10.3.2.4 灭火剂喷射结束后,保持钢盘静置 30 min。

6.10.3.3 结果

灭火时间不大于 3 min,且喷射结束后 30 min 时用搅棒搅动钢盘内的试样,不出现复燃,则认为灭三乙基铝火成功。

7 检验规则

7.1 检验类别与项目

7.1.1 出厂检验

本标准规定的主要组分含量、松密度、含水率、抗结块性、斥水性、粒度分布、流动性为出厂检验项目。

7.1.2 型式检验

第 5 章表 1 中的全部检验项目为型式检验项目。有下列情况之一时,应进行型式检验。

a) 新产品鉴定或老产品转厂生产时;

b) 正式生产后,如原料、工艺有较大改变时;

c) 正式生产时每隔三年的定期检验;

d) 停产 1 年以上恢复生产时;

e) 发生重大质量事故时;

f) 国家质量监督机构提出进行型式检验要求时。

7.2 组批

出厂检验以一次性投料于加工设备制得的均匀物质为一批。以在相同生产环境条件下,用相同的原料和工艺生产的一批或多批产品为一组。

7.3 抽样

型式检验样品应从出厂检验合格产品中抽样。为了保证样品与总体的一致性,取样要有代表性。抽样前应将产品混合均匀,每一项性能在检验前也应将样品混合均匀。

按“组”和“批”抽样,都应随机抽取不小于试验用量 1.5 倍的样品。所取的样品必须贮存于洁净、干燥、密封的专用容器内。

7.4 检验结果判定

出厂检验、型式检验结果应符合第 5 章表 1 规定,如有一项不符合本标准要求,则判为不合格产品。

8 标志、包装、使用说明书、运输和贮存

8.1 标志

每个包装上都应清晰、牢固地标明产品名称、产品型号、灭火剂主要组分及含量、灭火剂松密度、商标、标准编号、生产日期或生产批号、生产厂名称、生产厂地址、合格标志、适用的火灾类别和简单明了的贮存保管要求等。

8.2 包装

D类干粉灭火剂应密封在塑料袋或塑料桶内，塑料袋外应加保护包装。

8.3 使用说明书

生产厂应提供具有使用注意事项及符合本标准所规定的主要性能要求的说明书。

8.4 运输和贮存

D类干粉灭火剂应贮存在通风、阴凉干燥处，运输中应避免雨淋，防止受潮和包装破损。

ICS 13.220.10
CCS C 80

中华人民共和国消防救援行业标准

XF 3007—2020

F类火灾水系灭火剂

Water-based extinguishing agent for class F fire

2020-11-10 发布 2021-05-01 实施

中华人民共和国应急管理部 发布

前　言

本文件的第 4 章和第 6 章为强制性的，其余为推荐性的。

本文件按照 GB/T 1.1—2020《标准化工作导则　第 1 部分：标准化文件的结构和起草规则》的规定起草。

请注意本文件的某些内容可能涉及专利。本文件的发布机构不承担识别专利的责任。

本文件由中华人民共和国应急管理部提出。

本文件由全国消防标准化技术委员会灭火剂分技术委员会(SAC/TC 113/SC 3)归口。

本文件起草单位：应急管理部天津消防研究所、浙江省消防救援总队、江苏兴化锁龙消防有限公司、宁波环峰消防技术有限公司、四川齐盛消防设备制造有限公司、扬州江亚消防药剂有限公司、四川迪威消防设备有限公司。

本文件主要起草人：李姝、张宪忠、马建明、庄爽、刘玉恒、周洋、傅学成、包志明、刘慧敏、陈培瑶、张丽梅、杨亮、王钧奇、应跃远、张毅、童祥友、尧智伟。

F类火灾水系灭火剂

1 范围

本文件规定了F类火灾水系灭火剂的要求、试验方法、检验规则、标志、包装、运输和贮存等。

本文件适用于F类火灾水系灭火剂。

2 规范性引用文件

下列文件中的内容通过文中的规范性引用而构成本文件必不可少的条款。其中,注日期的引用文件,仅该日期对应的版本适用于本文件;不注日期的引用文件,其最新版本(包括所有的修改单)适用于本文件。

GB 150.1 压力容器 第1部分:通用要求

GB 1535 大豆油

GB/T 3864 工业氮

GB/T 6682 分析实验室用水规格和试验方法

GB 17835—2008 水系灭火剂

QB/T 3648 铸铁锅

3 术语和定义

下列术语和定义适用于本文件。

3.1

F类火灾 class F fire

动植物油脂燃烧导致的火灾。

3.2

F类火灾水系灭火剂 water-based extinguishing agent for class F fire

能扑灭F类火灾的液体灭火剂。

3.3

特征值 characteristic value

由制造商提供的样品的物理、化学性能参数值。

3.4

批 batch

一次性投料于加工设备制得的均匀物质。

3.5

组 lot

在相同的环境条件下,用相同的原料和工艺生产的产品,包括一批或多批,总量不超过25 t。

4 要求

4.1 一般要求

4.1.1 用于生产F类火灾水系灭火剂的各种原料应对生物无明显毒害,且灭火时不会自身分解出或与燃料发生作用生成具有毒性或危险性物质。

4.1.2 制造商应对其F类火灾水系灭火剂产品性能提供以下内容：

a) 凝固点特征值：代号 T，单位为摄氏度(℃)；

b) 密度特征值：代号 D，单位为克每立方厘米(g/cm^3)。

4.2 技术要求

F类火灾水系灭火剂的性能应符合表1的规定。

表1 F类火灾水系灭火剂性能要求

项目	样品状态	要求	
pH值	温度处理前	7.0～9.5	
凝固点 ℃	温度处理前	$(T-4)\leqslant$凝固点$\leqslant T$	
密度 g/cm^3	温度处理前	与 D 的偏差(绝对值)不大于0.02	
稳定性	温度处理后	pH值	7.0～9.5且与温度处理前pH值偏差(绝对值)不大于0.5
	温度处理后	凝固点 ℃	$(T-4)\leqslant$凝固点$\leqslant T$ 且与温度处理前凝固点偏差(绝对值)不大于2.0
	温度处理后	密度 g/cm^3	与 D 的偏差(绝对值)不大于0.02且与温度处理前密度偏差(绝对值)不大于0.02
腐蚀率 mg/(d·dm^2)	温度处理前	Q235A钢片	≤15.0
		3A21铝片	≤15.0
毒性	温度处理前	鱼的死亡率≤25%	
灭火性能	温度处理后	灭火时间≤120 s或停止施加灭火剂后的60 s内规定残焰应全部熄灭	

5 试验方法

5.1 凝固点

5.1.1 仪器、设备

试验用仪器、设备应满足以下要求：

a) 凝固点测试设备：控温精度为±1 ℃；

b) 铂电阻：PT100，精度为±0.1 ℃，外径为5.0 mm；

5.1.2 试验步骤

按下述步骤进行凝固点测量：

a) 开启凝固点测试设备，使冷室的温度稳定在低于样品凝固点(10±1)℃；

b) 将待测样品注入干燥、洁净的内管中，使液面高度约为50 mm；

c） 用软木塞或胶塞将铂电阻固定在内管中央，铂电阻下端距内管底部 10 mm；

d） 将装有样品的内管置于外管中，然后将外管放入冷室，外管进入冷室的深度不小于 100 mm；

e） 开始试验，设备自动记录温度-时间曲线；

f） 待样品完全凝固，读取曲线平台处温度，即为凝固点。

5.1.3 结果

取差值不超过 1.0 ℃的两次试验结果的平均值作为测定结果。

5.2 pH 值

5.2.1 仪器、材料

试验用仪器、试剂应满足以下要求：

a） 酸度计：精度为 0.1 pH；

b） 温度计：分度值为 1.0 ℃；

c） pH 缓冲剂。

5.2.2 试验步骤

按下述步骤进行 pH 值测量：

a） 用 pH 缓冲剂校准酸度计；

b） 将待测样品 60 mL 注入干燥、洁净的 80 mL 烧杯中，将电极浸入样品中，在(20±2)℃条件下测定 pH 值。

5.2.3 结果

取差值不超过 0.1 pH 的两次试验结果的平均值作为测定结果。

5.3 密度

5.3.1 仪器

试验用仪器应满足以下要求：

a） 精密比重计：分度值为 0.001 g/cm^3；

b） 恒温水浴：控温精度为 0.5 ℃。

5.3.2 试验步骤

按下述步骤进行密度测量：

a） 调整恒温水浴温度至(20±0.5)℃；

b） 将待测样品缓慢注入清洁、干燥的量筒内，不得有气泡，将量筒置于恒温水浴中，样品液面应低于恒温水浴液面；

c） 待温度恒定后，将清洁、干燥的密度计缓缓放入样品中，其下端距离量筒底部 20 mm 以上，且不能与筒壁接触；

d） 读取密度计弯月面下缘的刻度，即为样品的密度。

5.3.3 结果

取差值不超过 0.002 g/cm^3的两次试验结果的平均值作为测定结果。

5.4 稳定性

5.4.1 设备

试验用设备应满足以下要求：

a) 冷冻室：控温精度为±2 ℃；

b) 电热鼓风干燥箱：控温精度为±2 ℃。

5.4.2 试验步骤

5.4.2.1 按下述步骤对试验样品进行温度处理：

a) 将冷冻室温度调到低于样品凝固点 10 ℃；

b) 将待测样品装入塑料或玻璃容器，密封放入冷冻室，在低于样品凝固点 10 ℃的温度下保持 24 h，取出样品，在(20±5)℃的室温下放置 24 h，继续在(60±2)℃的电热鼓风干燥箱中放置 24 h，再取出样品，在(20±5)℃的室温下放置 24 h，以上操作为一个周期。如此重复 3 次，进行 4 个温度处理周期。

5.4.2.2 分别按 5.1、5.2、5.3 规定的方法进行温度处理后样品的凝固点、pH 值、密度的测定。

5.4.2.3 分别按 5.1、5.2、5.3 的规定，对温度处理后样品的凝固点、pH 值、密度试验结果进行取值。

5.4.3 结果

5.4.2.3 的试验结果与 5.1、5.2、5.3 的试验结果的偏差作为测定结果。

5.5 腐蚀率

5.5.1 仪器、材料

试验用仪器、材料应满足以下要求：

a) 天平：精度为 0.1 mg；

b) 游标卡尺：精度为 0.02 mm；

c) 电热鼓风干燥箱：控温精度为±2 ℃；

d) 锥形瓶：250 mL；

e) Q235 钢片和 3A21 铝片：75 mm×15 mm×1.5 mm；

f) 硝酸：密度为 1.4 g/mL；

g) 磷酸-铬酸水溶液：85%磷酸 35 mL 加无水铬酸 20 g，用三级水(符合 GB/T 6682)稀释至 1 L；

h) 10%柠檬酸氢二铵水溶液；

i) 无水乙醇(化学纯)。

5.5.2 试验步骤

按下述步骤进行腐蚀率测量：

a) 取钢片和铝片各 4 片，用 200 号水砂纸打磨，去掉氧化膜，再用 400 号水砂纸磨光(铝片在室温下放入硝酸中泡 2 min)，用硬毛刷在自来水中冲刷、洗净，最后用无水乙醇洗涤、擦干；将处理好的试片放入(60±2)℃的电热鼓风干燥箱 30 min，取出放入干燥器内冷却至室温，称量每个试片的质量，并编号；

b) 用游标卡尺测量每个试片的长度、宽度、厚度，计算每个试片的表面积；

c) 将处理好的试片分别放入两个锥形瓶中，倒入待测样品。使试片完全浸入样品中，且试片间不接触，然后密封瓶口；

d） 将锥形瓶放在(38±2)℃的电热鼓风干燥箱中 21 d；

e） 从锥形瓶中取出试片，分别用硬毛刷在自来水中冲刷腐蚀生成物(若不能洗净，则钢片用 10% 柠檬酸氢二铵水溶液浸泡，铝片用磷酸-铬酸水溶液浸泡)，洗净后，用无水乙醇洗涤、擦干；然后放入(60±2)℃的电热鼓风干燥箱 30 min，取出放入干燥器内冷却至室温，称量每个试片的质量。

5.5.3 结果

腐蚀率按公式(1)计算：

$$C=\frac{1\,000\times(m_1-m_2)}{21\times A} \qquad \cdots\cdots(1)$$

式中：

C ——腐蚀率，单位为毫克每天每平方分米[mg/(d・dm^2)]；

m_1——每个试片浸泡前的质量，单位为克(g)；

m_2——每个试片浸泡后的质量，单位为克(g)；

A ——每个试片的表面积，单位为平方分米(dm^2)。

分别取 4 个钢片和铝片的平均值作为测定结果。

5.6 毒性

按 GB 17835—2008 中 6.6 的规定进行测试。

5.7 灭火性能

5.7.1 仪器、材料

试验用仪器、材料应满足以下要求：

a） 秒表：分度值为 0.1s；

b） 量筒：分度值为 10 mL；

c） 炒菜锅：符合 QB/T 3648 规定的双边锅，深度为(220±2)mm，直径为(760±5)mm，见图 1；

d） 大豆油：符合 GB 1535 规定的成品大豆油；

e） K 型热电偶：直径为 1.0 mm，精度Ⅱ级；

f） 数据采集器：采样速率不低于 1 次/s；

g） 动力源：由 40 L 普通氮气钢瓶、减压器、高压阀组成，氮气符合 GB/T 3864 的规定；

h） 灭火剂储罐：容积 10 L，可为钢质无缝气瓶或钢质焊接容器，强度符合 GB 150.1 的规定；

i） 灭火剂输送管：DN10 的不锈钢管，长度应大于 2 m；

j） 喷头：喷口直径为 8.0 mm，材质为不锈钢，见图 2；

k） 玻璃转子流量计：LZB-10，流量范围为(10～100)L/h，精度为 2.5 级。

5.7.2 灭火试验装置的安装

喷头置于炒菜锅中心上方、距锅上沿 0.8 m 处，向下喷射。灭火剂储罐和喷头之间由灭火剂输送管道连接。安装示意图见图 3。

单位为毫米

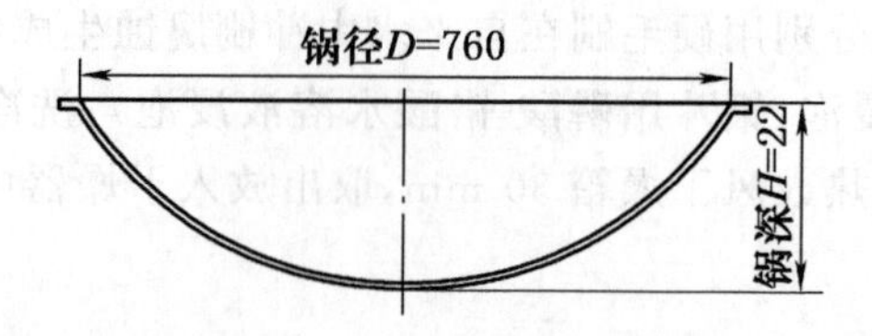

图1　炒菜锅示意图

单位为毫米

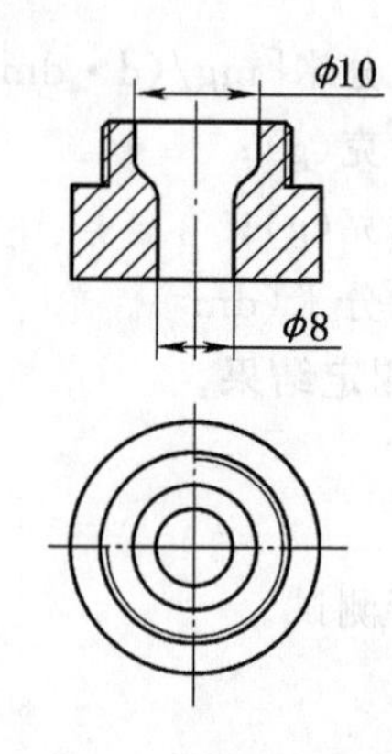

图2　喷头(剖面图和俯视图)

单位为毫米

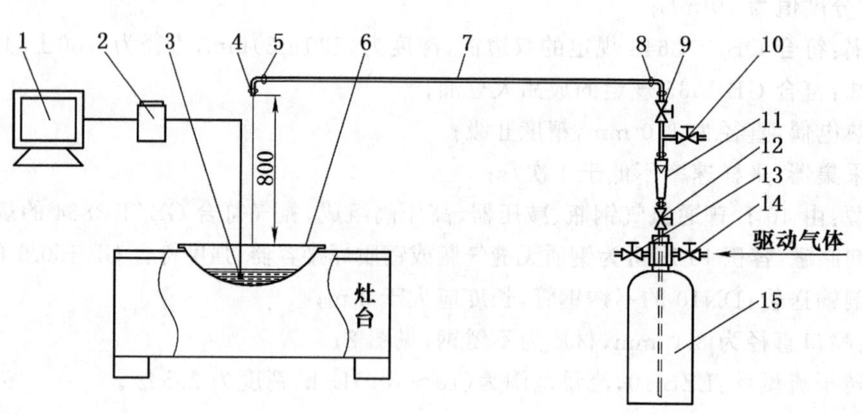

标引序号说明：

1	——电脑；	6	——炒菜锅；
2	——数据采集器；	7	——灭火剂输送管；
3	——K型热电偶；	9、10、12、13、14	——球形阀；
4	——喷头；	11	——玻璃转子流量计；
5、8	——弯头；	15	——灭火剂储罐。

图3　灭火试验装置安装示意图

5.7.3 试验步骤

灭火试验按以下程序进行：

a) 在灭火剂储罐中装入 5 L 按 5.4.2.1 进行温度处理后的待测样品；

b) 在炒菜锅内加入 5.6 L 大豆油，使得油面距油锅底部中心的距离不低于 75 mm，将热电偶放置在油面下 50 mm 处；

c) 开启灶台上的加热器具，加热大豆油，当油温升至 300 ℃时，继续以每分钟上升(8±1)℃的加热速率加热，直到大豆油发生自燃；

d) 燃烧持续至油温 410 ℃时，关闭加热器具，开启灭火装置进行灭火，将灭火剂流量控制在 0.5 L/min，持续施加灭火剂 120 s。

5.7.4 试验结果

如果火焰在施加灭火剂结束时被完全扑灭，则记录灭火时间，作为测定结果。如果火焰在施加灭火剂结束时未被完全扑灭，存在一个或几个残焰，其高度不超过油面 0.05 m，则记录残焰全部熄灭的时间，作为测定结果。

6 检验规则

6.1 检验类别与项目

6.1.1 出厂检验

出厂检验以下内容：

a) 每批产品的出厂检验项目为 pH 值、凝固点、密度；

b) 每组产品的出厂检验项目为 pH 值、凝固点、密度、毒性。

6.1.2 型式检验

表 1 中的全部检验项目为型式检验项目。有下列情况之一时，要进行型式检验：

a) 新产品鉴定或老产品转厂生产时；

b) 正式生产后，如原料、工艺有较大改变时；

c) 正式生产时每隔三年的定期检验；

d) 停产 1 年以上恢复生产时；

e) 国家质量监督机构提出进行型式检验要求时。

6.2 抽样

6.2.1 型式检验样品应从出厂检验合格产品中抽样。

6.2.2 抽样方法应保证样品具有代表性、保证样品与总体的一致性。

6.2.3 抽取的样品应贮存于洁净、干燥、密封的包装容器内。检验前应将样品充分混合均匀。

6.2.4 抽样数量应满足检验及备留需要。型式检验应随机抽取不小于试验用量 2 倍的样品。

6.3 检验结果判定

出厂检验、型式检验结果应符合表 1 规定的相应要求，如有一项不符合要求，则判为不合格产品。

7 标志、包装、使用说明书、运输和贮存

7.1 标志

每个包装上都应清晰、牢固地标明生产厂名称、生产厂地址、产品名称、灭火剂凝固点、灭火剂密度、商标、标准编号、生产日期、生产批号、净重、合格标志、储存温度和简单的贮存保管要求等。

7.2 包装

产品应密封于包装容器中,包装容器不应对产品性能有不良影响。

7.3 使用说明书

生产厂应提供具有使用注意事项及符合第4章所规定的主要性能要求的说明书。

7.4 运输和贮存

运输避免磕碰,防止包装受损。

产品应贮存在通风、阴凉处,贮存温度应低于45 ℃并高于产品凝固点。

抢抓历史机遇 推进产品升级 引领行业发展

——中化蓝天灭火剂产品替代进程

公司简介

Company profile

中化蓝天集团有限公司是中国中化控股有限责任公司成员企业（全球500强排名109），历经60余载的开拓创新和深耕细作，中化蓝天清洁灭火剂产品已开发至第四代，产品由最初的低ODP（臭氧层损耗潜值）发展成为更加环保的零ODP、低GWP（全球温室效应潜值），客户从最初的几家发展到全球上千家，创建灭火剂品牌“顿安®”并培育成为国内清洁灭火剂行业知名品牌，引领中国灭火剂行业不断向环保、高效、安全迈进。

20世纪60–80年代，老一辈的科研工作者克服种种困难，成功研发出哈龙1211灭火剂和哈龙1301灭火剂。90年代初，公司在北大桥车间建设30吨中试装置，成为国内率先生产第二代气体灭火剂的企业。因哈龙会破坏大气臭氧层，我国明确规定于2005年停止生产哈龙1211灭火剂、2010年终止生产哈龙1301灭火剂。目前全国灭火剂生产厂家中，仅保留中化蓝天哈龙1301灭火剂的销售和回收资质。

1994年，凭借研发第二代清洁灭火剂的科技基础，公司自主研发出第三代清洁灭火剂HFC 227ea和HFC 236fa，并于1998年与下游厂商合作进行应用研究，于2000年打开国内市场。2002年，国家质量监督检验检疫总局发布《七氟丙烷（HFC 227ea）灭火剂》（GB 18614—2002），由中化蓝天下属浙江化工研究院参与其制定工作，引领行业规范发展。

为响应国际社会对淘汰高GWP物质的呼声，减少高GWP物质的排放，公司在国内率先开展HFCs替代产品的开发，并于2012年成功开发出具有国际先进水平的新一代环保灭火剂——全氟己酮，一举打破国外技术垄断，再次引领了我国清洁灭火剂的发展。中化蓝天全氟己酮已获得技术鉴定、UL、FM认证，逐步打开国内外市场，获得工信部“十三五”工业强基项目支持，助力中国打造具有国际竞争力的制造业。

为了让洁净灭火器走进千家万户，更好地保护人民生命财产，提高消防安全意识，公司创新性开发简易式洁净灭火器产品——冰象家居灭火宝。它能够满足消费者对灭火产品的洁净、绝缘、高效、便捷、美观的诉求，2022年2月已通过应急管理部消防产品合格评定中心技术鉴定。

中化蓝天氟材料有限公司作为中化蓝天生产基地之一，其生产和回收哈龙1301、HFC 227ea、HFC 236fa和全氟己酮等灭火剂产品，融合了ISO 9001、AS 9100、IATF 16949质量管理以及安全管理等多方面体系元素，形成具有公司特色的可持续管理体系。

历经60余载的开拓奋进，中化蓝天研发、生产和营销人员紧密配合，推动灭火剂产品从无到有、从弱到强、从本土到海外。展望未来，中化蓝天将以环境保护为己任，凭借雄厚的技术实力和良好的社会信誉，持续开发清洁、高效的灭火剂产品，为推动行业的进步作出自己的贡献。

地址：浙江省杭州市滨江区江南大道96号中化大厦16层

联系人：王先生　电话：0571-87391959　手机：17857011610

HONG TAI 虹泰

公司简介

肇庆市虹泰消防材料有限公司是一家集研发、生产、销售消防材料于一体的产业型企业。本公司长期专注于泡沫灭火剂及其应用技术解决方案的研发及运营，在天津消防研究所的指导下，组成技术力量雄厚的产品技术开发部，完全满足产品从工艺配方的研发到生产工艺程序控制的条件要求。

公司主营业务包括生产、销售消防材料、消防器材、化工材料，现有员工36人，包括消防及化工专业高级工程师1人、工程师4人、技术员6人。公司具有团队拼搏精神，拥有依法治企、守法经营的高素质员工队伍，以及完善的生产设备和检测设备。现有设备生产能力：装机容量100立方米，日应急生产能力240吨，年生产能力26000吨。厂区面积30亩，成品储备能力250吨，日常原料储备能力产出200吨。

本公司研发的泡沫灭火剂系列是具有21世纪国际先进水平的生态环境友好型灭火剂，经天津消防研究所型式体系检验，其不含PFOS、不含PFOA，无毒性，已通过认证。配置先进而合理的生产工艺，并按照《质量管理体系－要求》（GB/T 19001-2016/ISO 9001:2015）、《环境管理体系－要求》(GB/T 24001-2016/ISO 14001:2015）、《职业健康安全管理体系的要求》(GB/T 45001-2020/ISO 45001:2018)进行企业管理，产品质量保证达到国家相关标准的要求。公司历年是消防救援队、中国石化（易派客）的供应商，有多年向消防救援队供应泡沫灭火剂并参与应急救援输送的经验，并获得一致好评。

本公司奉行“质量为本，诚信为怀”的宗旨，依托强大的研发能力、求真务实的精神，向客户提供更多高效环保、品质优良的消防产品，为我国消防事业作出更大的贡献。

主要产品

★ 合成泡沫灭火剂6%（S、-10摄氏度）
★ 高倍数泡沫灭火剂6%（G、-5摄氏度）
★ 水成膜泡沫灭火剂6%（AFFF、-28摄氏度）
★ 抗醇性泡沫灭火剂6%（SAR、-10摄氏度）- 耐海水
★ 抗醇性水成膜泡沫灭火剂6%（AFFFAR、-15摄氏度）- 耐海水

荣誉证书

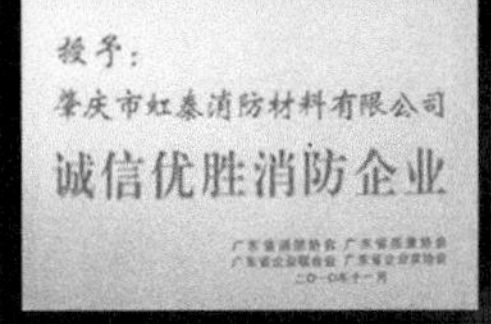

体系证书　检测报告　认证证书

肇庆市虹泰消防材料有限公司

地址：肇庆市鼎湖区苏村背南侧（坑口）
电话：0758-2627393 13822603286
邮箱：zqhtxf@126.com